KB125997

역사 도심 서울

개발에서
재생으로

역사
도심
서울

개발에서 **재생**으로

김기호 지음

한울
아카데미

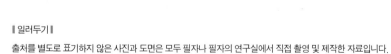

서문

/

왜 역사도심인가

2014년 확정된 서울도시기본계획(흔히 '2030 서울플랜'이라 부른다)이 이전의 도시기본계획과 크게 다른 점은 도심을 세 개로 계획했다는 것이다. 이전까지는 대체로 하나의 도심과 지역별로 몇 개의 부도심을 나누어 배치하는 형태로 계획을 수립했으나 이번 계획에서는 한양도성, 영등포·여의도, 강남 등 세 지역을 도심으로 규정해 세 개의 도심이라는 도시공간구조를 추구하고 있다.[1]

이러한 중심지 체계개편은 그동안 도심 하면 으레 한양도성 내를 의미하고 그 외 영등포·여의도나 강남 등을 부도심으로 부르던 것과 비교할 때 한편으로는 한양도성이 '도심 = 한양도성 내'라는 독보적인 지위를 잃어버

---

1   서울특별시, 「2030 서울도시기본계획」(서울: 서울특별시, 2014), 143쪽.

렸다는 것을 의미하며, 다른 한편으로는 강남이나 영등포·여의도의 비중과 역할이 커졌다는 것을 의미한다.

그러나 계획의 내용을 좀 더 살펴보면 세 개의 도심은 각각의 특성에 따라 서로 다른 역할이 기대된다는 사실을 알 수 있다. 즉, 한양도성은 역사문화 중심지로서, 영등포·여의도는 국제금융 중심지로서, 강남은 국제업무 중심지로서 자리매김하려는 것이다.

이러한 변화는 그동안 서울의 유일한 도심으로서 행정과 업무, 상업과 서비스, 나아가 역사와 문화 등 모든 측면에서 중심적인 역할과 책임을 다해야 했던 한양도성 도심이 역사문화의 중심이라는 고유의 특성에 충실하면서 서울의 미래에 기여해야 한다는 좀 더 구체적이고 분명한 방향설정을 부여받았음을 의미한다. 이런 도시기본계획의 변화를 반영해 2015년에는 서울의 도심부관리기본계획이 「역사도심관리 기본계획」이라는 이름으로 발표되었다(이하 한양도성 도심은 역사도심으로 칭한다).

이제 비로소 역사도심은 다른 도심과 불필요한 경쟁을 하지 않고 고유의 특성을 살리는 과제에 전념할 수 있는 토대와 여건을 마련했다고 할 수 있다. 그러나 이제 시작일 뿐, 아직 갈 길은 멀어 보인다. 현재 서울 역사도심의 한가운데 있는 청진동은 철거재개발로 거의 사라져가고 있으며, 그 옆의 공평구역, 나아가 을지로2가 부근에서도 철거재개발이 끊임없이 진행되고 있다. 이는 1970년대 이후 진행되어온 개발 중심 도시관리의 관성이 지속되고 있기 때문이다.

이제 스스로에게 진솔하게 물어야 할 때다. 40여 년 전 조국 근대화의 깃발 아래 꿈꾸었던 미래의 도심이 재개발을 통해 거의 완성단계에 이른 지금, 과연 도심은 살 만하고 일할 만하며 방문하고픈 도심이 되었는가?

40년 전 도심의 문제로 제기된 과밀, 노후, 자동차도로 및 주차장 부족, 협소한 오픈 스페이스 등은 올바른 지적이었는가? 설령 당시의 문제 지적이 타당했다면 이러한 문제가 해결되었는가? 이런 질문에 대해 많은 사람들은 고개를 갸웃거릴 것이다.

우리나라 도시계획에서 근대적 도시계획 실천에 문제가 있음을 발견하고 이를 수정하려는 시도가 구체화된 것은, 1990년 시작했으며 1994년 남산외인아파트 철거로 상징되는 남산제모습찾기사업이라고 할 수 있다. 벌써 20년이 지난 일이지만, 16층이 넘는 고층 아파트 두 동을 더 많이 또는 더 높이 짓기 위한 재개발을 위해서가 아니라 자연과 역사의 회복이라는 명분으로 철거한다는 것은 조국 근대화와 건설한국의 꿈에 젖어 있던 당시의 사회에 매우 충격적인 일이었으며, 건축과 도시계획 분야에도 매우 상징적이고 의미 있는 사건이었다.

비슷한 시기인 1994년에 한양정도 600주년을 기념하기 위해 진행된 다양한 사업은 서울이라는 도시와 도시계획을 비판적으로 성찰할 수 있는 계기를 마련해주었다. 특히 필자가 재직하는 서울시립대학교에 1993년 설립된 서울학연구소는 미래를 구상하는 도시설계를 전공하는 필자에게 도시를 어떻게 볼 것이며 도시를 어떻게 설계하고 관리해나가야 하는지에 대해 새로운 시각을 정립하는 기회를 제공했다. 이를 통해 얻은 교훈은 도시계획 및 형성의 역사는 철거로 지워버려서는 안 되며 미래의 도시공간 환경을 설계하는 데 자원이 되고 버팀목이 되어야 한다는 것이었다.

이 같은 생각의 연장에서 필자의 대학원 연구실 이름은 자연스레 '도시설계/역사(보존)연구실'로 정해졌다. 또한 2002~2003년 진행된 풀브라이트(fulbright) 연구교수 활동 역시 '미국의 역사보존'을 키워드로 연구했다.

이 책은 도시계획 패러다임이 변화한 바탕에 깔려 있는 이 같은 인식을 도시계획 전문 분야의 언어가 아닌 좀 더 일상적인 언어로 정리해 도시계획에 관심 있는 많은 사람들과 소통하고 의견을 나눌 수 있도록 다듬은 것이다. 많은 사진과 도면을 글과 함께 실은 것도 이런 이유에서다. 여기에 실린 내용은 책을 만들기 위해 단기간에 쓴 것이 아니다. 필자는 이미 오래전부터 역사도심의 급격한 변화를 관찰하면서 문제의 심각성과 대안적인 방식을 고민해왔는데, 이 책에서는 필자가 그간 개별적 사안별로 기고나 논문 등의 형태로 발표한 내용을 다시 검토하고 정리했으며, 필요한 부분은 추가해서 서술했다.

책은 총 4부로 구성되어 있다. 1부는 오늘과 미래의 역사도심을 구상하기 위해서는 지난 100년의 서울의 변화를 이해할 필요가 있다는 관점에서 정리한 것이다. 이 부분은 많은 선행 연구자들의 연구 결과에 크게 의존했다. 필자의 공부가 부족해 이전 시기인 조선시대나 고려시대의 서울에 대한 내용은 소개하지 못한 것이 못내 아쉽다. 2부는 역사도심에서 지난 40여 년간 급격한 변화를 몰고 오면서 역사도심의 정체성을 위협하고 있는 도심재개발에 대한 비판을 담았다. 3부와 4부에서는 개발시대를 넘어 도심을 관리해나갈 방법에 대한 대안을 모색했다. 그중 3부에서는 흔히 신개발의 도구로 인식되는 도시설계가 역사적으로는 기성시가지의 공간 환경을 개선하기 위한 도구였다는 사실을 기반으로 도시설계가 역사도심 서울의 도시재생에 어떻게 기여할 수 있는지 논의했으며, 4부에서는 최근 많은 관심을 받고 있는 역사보존을 통한 도시재생의 의미와 과제를 살펴보았다.

학교에서 교육과 연구를 수행하며 자신이 관심을 가진 분야의 책을 내는 것은 많은 교수와 연구자의 소망이자 꿈이다. 필자에게는 우리나라의 도시, 내가 일하고 사는 도시 서울에 대한 책을 내는 것이 꿈이었다. 10여 년 전, 연구교수로 미국에 머물면서 그 꿈을 이룰 절호의 기회를 맞기도 했다. 연구교수로 미국에 있는 동안 우리나라의 한국도시설계학회와 건축역사학회 그리고 우리 연구실의 홈페이지에 '미국의 역사보존'이라는 제목으로 10개의 글을 연속적으로 올렸으며, 이를 바탕으로 책을 내자는 요청도 있었다. 그러나 첫 번째 단행본을 남의 나라 이야기로 내는 것은 내키지 않았다. 이런 이유로 인해 그로부터 많은 시간이 흐르긴 했지만 서울에 관한 책을 세상에 내놓게 된 것이 매우 기쁘고 자랑스럽다.

이 책에 실린 15편의 글은 서울시립대학교 도시설계/역사(보존)연구실의 지난 20여 년의 연구 성과에 힘입은 바 크다. 2003년 연구교수를 마치고 미국에서 돌아온 후 필자는 서울 도심부를 연구실의 연구주제로 삼았으며, 한때는 연구실 대학원생을 개별적으로 도심부 특정 지구의 연구담당책임으로 지정해 연구를 진행하기도 했다. 이 자리를 빌려 연구실에서 석사나 박사 과정으로 함께 연구하면서 학위논문을 작성한 여러 제자에게 감사의 말을 전하고 싶다.

서울 도심부에 대한 기왕의 관심과 연구 덕분에 필자는 2011~2012년 「서울 사대문안 역사문화도시관리기본계획」 수립 및 2012~2014년 「역사도심관리 기본계획」 수립 연구를 총괄하는 역할을 담당했는데, 이는 그동안의 도심부에 대한 연구 결과를 현실의 계획에 고민하고 반영할 수 있는 중요한 기회였다. 이러한 기회를 제공해준 서울시에 깊이 감사드린다. 또한 책의 출간에 초보인 필자에게 기획과 편집에서 세세한 도움을 준 도서출판 한울의 신순남 씨에게도 감사를 전한다.

서울역사박물관 강홍빈 관장은 과분한 추천의 글로 필자를 격려해주었다. 깊이 감사드리며 앞으로도 계속 지도해주기를 존경하는 마음으로 고대한다.

2015년 7월

김기호

차례

1부. 서울 도심 100년: 네 개의 시기와 세 가지 켜

2부. 도심을 파괴하는 도심재개발

3부. 도시설계를 통한 도시재생

4부. 도심의 역사성을 살리는 도시재생

서울 도심의 문제아, 도심재개발

도심은 시민 마음의 중심

도심은 예나 지금이나 시민들의 마음의 중심이다. 도심은 가슴이 뛰고, 설레고, 그리고 기대가 넘치는 곳이다. 도심에는 나의 오롯한 기억과 역사가 스며들어 있을 뿐 아니라 우리 아버지들의, 그리고 할아버지들의 기억과 역사까지 중첩되어 있다. 세대를 넘고 계층을 넘어 우리를 묶어주는 것이 도심이며, 시민을 통합하는 것 또한 바로 도심이다. 그기에 도심에서 소외된다는 것은 그 도시의 구성원에서 제외된다는 것을 의미한다. 이런 의미에서 도심은 누구에게나 열려 있어야 하며 또 누구든 찾을 만한 장소를 가지고 있어야 한다.

도심은 단순히 박스 형태의 건물이 넘쳐나는 화이트칼라의 일터가 아니라 구경도 하고, 볼일도 보고, 사람도 만나고, 밥을 먹거나 술을 마시기

※ 남산에서 본 사대문 안 도심부. 내사산(內四山)과 도성으로 둘러싸인 모습이 확연히 드러난다. 내사산이란 역사도심을 둘러싼 백악산(북), 남산(남), 낙산(동), 인왕산(서)을 말하며, 내사산의 산줄기를 따라 성곽이 건설되어 있다.

도 하는 곳이며, 이를 통해 사람들이 공동의 기억을 가지는 곳이다. 그런 의미에서 도심을 CBD(Central Business District, 중심업무지구)라 부르는 것은 매우 부적절하다. 이는 말 그대로 업무가 중심인 지구를 뜻하므로 도심의 다양성을 표현하기에는 턱없이 부족하다. CCD(Central Cultural District, 중심문화지구), CED(Central Entertainment District, 중심여흥지구) 등 다양한 활동이 이뤄지는 지구가 도심이다.

도심은 이동하기도 한다. 그러나 역사성이 짙은 도심은 결국 하나다. 사람마다 자신이 사는 곳이나 움직이는 곳에 따라 도시와 도심을 다르게 기억할 수도 있지만 역사적 도심은 쉽게 변하지 않는다. 조선시대까지만 하더라도 서울의 도심은 종로와 종각네거리였으나 일제강점기를 거치면서 명동 쪽으로 이동한 것이 사실이다. 게다가 1970년대 이후에는 강남 개발로 상당한 비중의 도심 기능이 강남으로 이전하기도 했다. 사람들 또한 서울에는 도심이 강북에 하나, 강남에 하나 있다고 말하기도 한다.[1] 그럼에도 많은 서울 시민에게 도심은 여전히 한양도성 사대문 안 지역이다.

역사와 문화를 간직한 도심

요즘 서울 도심의 화두는 단연 역사와 문화다. 도로를 더 넓히자거나 주차장을 왕창 더 만들자는 주장은 이제 잦아든 듯하다. 오히려 도로 다이어트(차도의 폭을 줄이고 보행공간을 더 확보하는 것)를 하자거나 보행광장을 만들어 보행환경을 향상시키고 시민과 방문자가 도심을 마음껏 느낄 수 있도록 배려하자는 주장에 더 무게가 실리는 것으로 보인다. 도심에서는 통과와 주차보다 머묾과 느낌이 더 중요한 가치를 가진다. 이에 따라 도심에서 사람들이 무엇을 하고 무엇을 느끼도록 할 것인가가 자연스럽게 과제로 떠올랐다. 이에 대한 대답은 바로 역사와 문화다.

지난 10여 년간 진행된 서울 도심의 변화를 살펴보면 이처럼 변화된 요구나 인식이 말장난이 아니라 현실임을 잘 알 수 있다. 시청 앞 광장이 차들을 위한 교통광장에서 보행을 위한 광장으로 바뀌었으며, 광화문광장도 공간의 상징성과 함께 시민의 품으로 돌아왔다. 그동안 지하도나 육교로 보행자를 내몰던 도심부의 네거리에서 육교는 철거되고 횡단보도가 만들어졌으며 지하도는 새로운 용도를 찾는 중이다. 인사동이나 북촌지역은 역사도심 전체에 비하면 비록 규모는 작지만 역사적 풍모를 유지·보전하

---

1 홍은희, 「주도형 도시로서의 서울」, 『서울도시의 정체성연구』(서울: 서울특별시, 2010), 226쪽.

▍도로에서 광장으로 바뀐 광화문광장. 보행자를 배려하는 인간적인 도시를 구현한다는 의미와 함께 도시의
역사적 중심축과 조망축을 시민에게 되돌려준다는 의미를 가진다.
자료: 서울특별시, 『2009~2010 도시형태와 경관』(서울: 서울특별시, 2010).

기 위한 조치들을 취하면서 많은 방문객을 불러들이고 있다.

　이러한 공공공간에서의 조치나 노력에 비해 사적(私的) 공간이나 민간
부문²에서의 노력은 매우 미약한 것이 현실이다. 민간부문은 아직도 역사
가 풍부한 도심부에서 역사성보다는 개발을 우선시하고 있다. 이런 현상
은 특히 도심재개발사업이 도입된 1970년대 이후 나날이 극심해지고 있
다. 이에 따라 역사도심부가 신개발지인 강남과 별 다를 바 없이 취급되면
서 비슷한 도시 형태로 만들어지고 있다. 이러다 보면 결국 시민들이 역사
와 문화를 즐기고 싶어도 즐길 거리가 없는, 역사와 문화가 상실된 특징

2　우리나라에서는 공공공간을 제공하는 주체는 공공부문(公共部門, public sector), 사적
　(私的) 공간을 취급하는 주체는 민간부문(private sector)이라고 부른다.

▌보행자 중심으로 바뀌면서 방문객이 많아진 인사동길.

없는 도심으로 귀결될 게 분명하다.

　이러한 결과를 놓고 어떤 사람은 사익에 급급한 민간을 비판하면서 민간부문에 책임을 묻기도 하고, 또 다른 사람은 민간부문과 협의를 통해 민간부문을 유도하고 규제해나가야 하는 공공부문에 더 큰 책임이 있다고 주장하기도 한다. 그러나 사유재산을 마치 하늘에서 받은 것인 양 숭배하는 요즘 같은 분위기에서 공공행정이 민간부문을 규제하기란 그리 쉬운 일이 아니다. 결국 공공행정에서는 시장(市長)의 리더십이 강력하지 않거나 시민들이 시장을 굳건히 지지하지 않는다면 역사보전이나 문화 지원 정책을 관철해나가기가 쉽지 않다.

재개발에 시민은 불만

많은 서울 시민들은 왜 역사도시라는 서울 도심에서 성곽이나 궁궐 몇

┃ 재개발사업을 위해 헐리는 역사적 도시조직인 청진구역(2003).

곳을 빼면 역사적 풍모를 느끼기 힘든지, 왜 도심은 자꾸 철거되고 상자처럼 생긴 높은 사무실 건물이 들어차는지, 결국 도심이 온통 현대적인 상자 건물로 들어차 버리는 것은 아닌지에 대해 불만과 우려를 안고 있다.

우리나라는 1876년 대외적으로 문호를 개방했으므로 근대화를 추구한 지 벌써 150년이 되어간다. 또한 도시에 근대적인 계획적 조치를 취하기 시작한 지는 120년이 넘었으며(1894년 내무아문에 위생국 설치3), 조선시대 말과 대한제국기에 걸쳐 근대적 도시계획을 추구한 지도 100년이 넘었다.

---

3 콜레라 등의 위생 문제는 근대 초기의 도시에서 가장 큰 문제 중 하나였다. 영국에서는 이 문제에 대응하기 위해 1848년 '공중위생법(Public Health Act)'을 제정했는데, 이는 근대 도시계획법의 선구자라고 할 수 있다. 이러한 이유로 우리나라에 위생국이 설치된 1894년은 근대 도시계획사 측면에서 기념할 만한 해다. 갑오개혁으로 설치된 내무아문 위생국은 1895년 내부 위생국으로 이름을 바꾸었다. 『한국민족문화대백과』, http://encykorea. aks.ac.kr

특히 일제가 강점한 후 곧바로 우리나라를 식민지화할 목적으로 도시를 개조하기 위한 시구개정을 발표한 것 역시 100년이 넘었다(1912년 시구개정계획 공포). 지난 100년 동안 서울은 우리나라 근대화와 현대화의 중심지로서 매우 큰 변화를 겪었다. 역사적 의미라는 측면에서 볼 때 이런 변화의 중심지는 자연히 과거 도성으로 둘러싸였던 곳이자 도심이라 불리는 곳이었다. 그러나 이들 지역은 대부분 도심재개발 대상지역이며, 이는 많은 경우 철거재개발 대상지역임을 의미한다. 역사도심과 철거재개발, 이것이 바로 서울 도심이 안고 있는 딜레마이자 과제다.

앞으로 차차 자세히 살펴보겠지만 도심재개발이 문제시되는 이유는 다음과 같은 의문 때문이다. 첫째, 철거재개발에 눈이 멀어 재개발로 새로 만드는 것보다 더 귀한 역사문화적 자산을 그냥 버리는 것은 아닌가? 둘째, 새로 만드는 건물이나 지구가 기존 역사적 도시조직과 조화를 이루는가? 셋째, 과연 재개발로 만드는 새로운 환경이 우리 시대 및 미래에 적절한가? 이제부터 이런 의문에 대한 답을 하나씩 찾아보도록 하겠다.

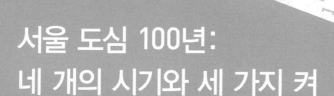

1부

서울 도심 100년:
네 개의 시기와 세 가지 켜

지난 100여 년간 서울의 도심은 대체로 대한제국시대의 개혁, 일제강점기의 식민도시화, 그후의 해방 및 한국전쟁 후 재건, 1960년대 이후의 경제부흥기 등 우리나라 사회·경제 변화로부터 큰 영향을 받아왔다. 도시계획 측면에서 변화된 도시의 물리적 환경을 기준으로 보면 지난 100여 년은 다음과 같이 네 개의 시기로 나눌 수 있다. 물론 그 바탕에는 조선시대에 조성된 도시평면이 깔려 있다.

첫째, 대한제국기의 치도 및 도시위생 개념 도입(1882~1910): 위생 및 위신의 도시 만들기

둘째, 일제강점기의 간선도로망과 대가구 형성(1910~1945): 식민을 위한 도시 만들기

셋째, 한국전쟁 후 전재복구사업에 따른 근대적 격자형 소가구 도입(1953~1967): 재건을 위한 도시 만들기

넷째, 1970년대 이후 도심재개발에 따른 도심 개조와 중가구 대필지 형성(1973~2010): 차량을 위한 도시 만들기

01

위생 및 위신의 도시 만들기

치도론 도입

우리나라 근대의 시작이라고 할 개항 후 대한제국시대에는 치도(治道) 사업으로 대표되는 도로개량으로 도시를 정비함으로써 도시계획을 구현했다. 치도에 관한 논의는 1882년 말 박영효, 김옥균 등 일본수신사 일행이 저술한 『치도약론(治道略論)』에서 시작되었으며, 박영효가 한성판윤에 취임하면서 단기간이지만 실제로 실시되기도 했다. 『치도약론』의 한 부분인 치도규칙(治道規則)은 치도약론을 실행하기 위한 구체적인 방안으로, 이후 도성 내 도로의 신설과 개수(改修)에 큰 영향을 미쳤다.[1]

---

1   이정옥, 「갑오개혁이후 한성 도로정비사업과 부민의 반응」, ≪향토서울≫, 제78호(서울: 서울시사편찬위원회, 2011), 128~129쪽; 김광우, 「대한제국시대의 도시계획」, ≪향토서울≫, 제50호(서울: 서울시사편찬위원회, 1990), 93~123쪽.

바로크 시대에 만들어진 파리 샹젤리제거리의 가로축과 개선문.

『치도약론』에서는 먼저 치도가 국가 정책에서 차지하는 중요성을 논한 뒤, 치도규칙을 통해 17개 항으로 구성된 시행지침 성격의 내용을 수록하고 있다. 즉, 치도가 단순히 길을 고치는 데 그치는 것이 아니라 예로부터 치산(治山), 치수(治水)에 이어 국가(왕)의 주요 과제임을 밝히고 치도를 위한 구체적인 행동지침을 제시하고 있다. 치도는 주로 위생 상태와 가로 경관을 고려해 실시하는 것으로, 치도를 통해 도로의 불결과 무질서를 바로잡는 것을 목표로 한다.

조선의 개항 이후에는 대외적 교류가 늘어나면서 콜레라가 자주 유행하게 되었다. 콜레라는 1879년 유행한 이후 1881년 또 한 번 크게 유행했고, 1885년 1886년 그리고 1890년 연이어 전국적으로 번지면서 큰 인명 피해를 냈다. 따라서 도시의 위생 상태를 개선하는 일은 당시로서는 피할

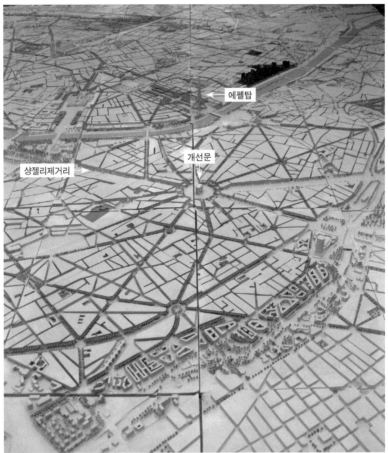

エ펠탑

개선문

샹젤리제거리

파리 시 개선문을 중심으로 한 방사형 가로망의 배치. 중심축인 샹젤리제는 바로크 시대에 만들어진 가로이지만 나머지 방사상 도로는 조르주 외젠 오스만(Georges Eugéne Haussmann)이 파리를 개조할 당시 만든 도로다. 나폴레옹 3세 시기(1851~1870)에 오스만 백작은 파리 시 종합계획안을 수립해 기존 384km의 도로망에 95km의 도로를 추가로 개설했다. 파리는 당시 자유주의 이후(post-liberal) 도시의 성공 사례로 찬사를 받았으며 19세기 이후 세계 많은 도시의 모델이 되었다.
자료: 파빌리온 드 라스날(Pavillon de L'arsenal)의 파리 전시 모델을 직접 촬영(2009년 7월).

수 없는 현실적인 과제였을 것이다. 또한 개항 이후 외국 방문과 외국인의 조선 방문 등으로 도시 내 무질서에 대한 대책 마련이 필요함을 자각하게 되었고 대한제국 수립(1897) 이후에는 제국으로서의 위엄을 갖출 필요가 있었기 때문에 가로경관이 주요 과제로 대두되었다.

박영효 등의 치도론은 다분히 당시 도쿄의 영향을 받았다. 일본은 1854년 문호를 개방한 이후 1868년 메이지유신과 더불어 수부(首府)를 도쿄로 옮겼는데, 국외적으로는 일본의 위신을 높이고 국내적으로는 국가권력을 상징하기 위해 도쿄의 도로를 넓혔다. 당시 일본은 파리와 런던을 모델로 삼아 치도사업을 진행했다.[2]

위생 개선을 위한 치도사업 실시

1880년대에 콜레라가 이미 서너 차례 확산되었음에도 갑신정변(1884) 이후의 정치 불안과 수구파의 집권 등으로 인해 치도론은 구체적인 조치로 이어지지 못했다. 치도론이 구체화되고 실천에 옮겨진 것은 갑오개혁(1894) 이후였다. 갑오개혁 이후 일본이 보호국화한 1905년까지는 우리나라가 사회 개혁과 도시 문제에 그나마 주체적으로 대처한 시기였는데, 당시 취한 구체적인 조치는 성격에 따라 다음과 같이 나눌 수 있다.

- 도시의 위생 상태를 개선하기 위한 조치: 내무아문 관제에 위생국 설치(1894), 검역규칙(칙령 제115호), 호열자병[3] 예방규칙(내부령 제2호), 호열자병 소독규칙(내부령 제4호, 1895), 한성부 내 청결법 시행 규정(주본, 1904) 등

---

2   東京都立大學 都市硏究センター, 『東京: 成長と計劃(1868~1988)』(東京: 東京都立大學 都市硏究センター, 1988), p. 9.

3   콜레라를 의미함.

▌종로 변에 늘어선 가가(假家). 가가는 가로변에 임시로 세워서 상행위 등을 하던 건물을 뜻한다.
자료: 서문당, 『사진으로 보는 조선시대(속): 생활과 풍속』(서울: 서문당, 1988), 70쪽.

- 도로 및 가로변의 위생·경관에 관한 조치: 내무아문이 각 도에 훈시한 88개 조항 가운데 도로관리 등(치도)에 관한 사항(1895), 가가(假家) 건축의 금령(1895), 도로수치(道路修治)와 가가기지(假家基地)를 관허하는 건(주본, 1895), 한성 내 도로의 폭을 규정하는 건(내부령 제9호, 1896), 독립문 등 도시 상징물 설치(1897)

- 도시시설의 설치에 관한 조치: 공원 조성(탑골공원, 경운궁 인화문 옆 공원, 1897), 전차 부설[서대문-종로-청량리(1899), 종로-남대문-구용산(1900)], 철도 부설[경인철도(1899), 경부철도(1905)], 상수도 도입(특허 허가, 1903)

- 토지 및 건축물의 정확한 조사에 관한 조치: 양지아문(量地衙門) 설치(근대적 토지조사사업 수행, 1898), 지계아문(地契衙門) 설치[근대적 토지 소유권인 관계(官契) 발행, 1901]

┃ 서울 최초의 공원인 탑골공원.

　이상과 같은 조치에서 보는 바와 같이, 치도사업의 주요 과제는 무분별한 가가의 난립으로 좁아진 오늘날의 종로, 남대문로 등을 초기의 넓이로 회복하는 한편, 가로변의 경관 및 청결을 개선하는 것이었다. 이는 1898년부터 시작된 전차궤도 부설사업, 철도 부설 및 정거장(철도역) 건설, 철도 및 정거장과 도성 간의 연결 등을 시행하기 위해 필요한 조치였다. 1896년 내려진 내부령 제9호(한성 내 도로의 폭을 규정하는 건)는 이들 사업을 시행하는 데 중요한 지침이었으며 뒤이어 시행된 토지조사사업 등은 다양해지는 도시개조 업무를 수행하기 위해 필수적인 과정이었다.

종로 남쪽과 경운궁 중심의 도시개조

　당시 도시개조는 주로 종로 남쪽지역인 남대문로 주변과 정동 일대에서 단행되었으며, 도성 밖으로도 이 지역의 연장선상인 남대문과 서대문 밖 지역에서 실시되었다. 그 이유로는 다음 세 가지 측면이 영향을 미친 것으로 보인다.

첫째, 고종은 아관파천 후 환궁하면서(1897) 경운궁(덕수궁)을 중수해 본궁으로 삼아 대한제국을 선포하고 황제국을 주창했기 때문에 경운궁을 중심으로 가로 정비 및 시설 배치를 도모한 것으로 보인다.[4]

둘째, 경운궁을 중심으로 한 정동 일대는 외국 공사관 등의 시설이 밀집한 지역이므로 이들의 필요나 요구 또는 지적에 대응하고, 나아가 치도 사업을 시작한 이유에서 나타난 것처럼 조약국인 상대국에 대한 위신을 높이려는 목적이 작용했기 때문이다.

셋째, 개항 이래 조선에서 주도권을 장악하기 위해 경쟁하던 청·일 양국의 관심이 서울에서는 남대문로의 상권을 장악하기 위한 다툼으로 비화되었다. 청일전쟁(1895) 이후 대세가 일본으로 기울면서 일본인들은 협소하고 습한 진고개를 떠나 남대문로로 대거 진출했는데, 이로 인해 남대문로-남대문-(용산과 마포로 연결되는) 남대문 밖 지역이 중요해졌기 때문이다.

이 시기 도시개량사업의 중요한 요소 가운데 하나는 시민공원의 등장이다.[5] 앞에서 밝힌 바와 같이 탑골공원이 이 시기에 조성되었으며, 경운궁 서측문(덕수궁 인화문) 바로 옆에도 1897년 이전에 공원이 조성되었던 것으로 밝혀졌다.[6] 이는 새로운 도시시설에 대한 시대의 새로운 요구가 도

---

4 김광우, 「대한제국시대의 도시계획」, 115쪽.

5 공원(公園, public park, public garden)은 전적으로 근대의 산물이다. 근대 이전에는 정원이 왕이나 부유층의 전유물이었다. 산업화 및 도시로의 인구 집중으로 인해 일반 대중을 위한 정원이 필요해지면서 공원이 등장했다.

6 이태진, 「18~19세기 서울의 근대적 도시발달 양상」, 『도시와 역사』(서울: 서울시립대학교 서울학연구소, 1994), '94서울학 국제심포지엄, 18쪽.

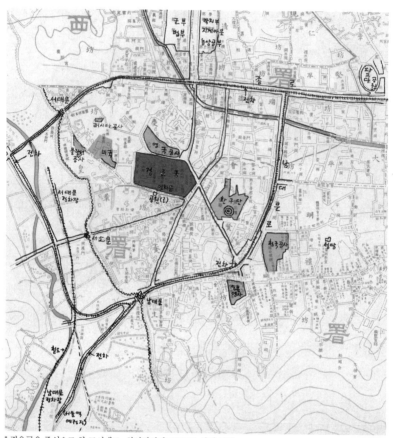

▌경운궁을 중심으로 한 도시개조. 최신경성전도(1907) 위에 그림.
　자료: 서울역사박물관, 『서울지도』(서울: 서울역사박물관, 2006), 28쪽.

시개조에 반영된 것으로, 특기할 만한 일이다. 그러나 이러한 시설은 위생을 개선하기 위한 목적 외에 민의를 수렴하기 위한 공공공간의 목적으로 설치되었다는 주장도 제기되고 있다.[7]

7　　같은 글, 20쪽.

02

식민을 위한 도시 만들기

시구개정사업의 시행

일제가 강점한 이후인 1910년대의 도시계획은 시구개정과 시가지건축취체규칙(1913.2.25)으로 구체화되었다. 시구개정이 도로 등 주요 도시시설을 계획적으로 확보하는 공공사업의 성격으로 도시계획을 시행하는 데 중점을 둔 데 비해, 시가지건축취체규칙에는 개별 건축물의 건설 규제를 목적으로 한 법령이나 용도지역/지구제 등이 일부 포함되었다. 당시 도시 구조 형성에 큰 영향을 미친 것은 시구개정이므로 이 글에서는 시구개정을 주요 관심사로 삼는다.

시구개정은 1912년 10월 7일 총독부 훈령(제9호)으로 각 지방에 시달되었으며, 내용은 다음과 같았다. "지방에 있어 추요(樞要)한 시가지의 시구개정 또는 확장을 할 때에는 그 계획설명서 및 도면을 첨부해 미리 인가

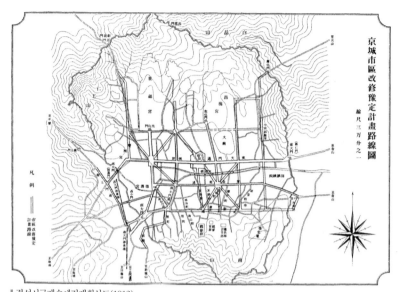

京城市區改修豫定計畫路線圖

縮尺三万分之一

凡

例

市區改修豫定
計畫路線

▌경성시구개수예정계획선도(1912).

　자료: 조선총독부 관보 제81호 고시 78호(1912.11.6). 조선총독부관보활용시스템(http://gb.nl.go.kr)의
　인명확장검색.

　를 받을 것. 다만 일부의 경이(輕易)한 변경은 그러하지 아니하다.” 총독부
는 이미 1911년 4월 17일에 제령 제3호로 공포된 ‘토지수용령’, 부령 제51
호의 ‘도로규칙’, 그리고 훈령 제37호의 ‘도로수축표준’ 등을 통해 도로 등
의 시설을 설치하기 위한 재산권적·기술적 측면의 제도적 조치를 취했는
데, 시구개정은 이를 근거로 향후 시가지 내의 도로 개설을 계획적으로 통
제하기 위한 조치였다. 시구개정에 관한 훈령을 내린 이후 한 달여 만인
1912년 11월 6일에 총독부는 벌써 수부인 경성에 경성시구개수예정계획
노선을 고시하기에 이르렀다.

　경성의 이 같은 시구개정 도입 과정은 모델로 삼은 도쿄와 비교할 때
이름만 같을 뿐 여러 측면에서 매우 상이하다. 도쿄는 1888년 ‘시구개정

조례'를 제정하기 10여 년 전인 1876년부터 시구개정을 준비해왔다. 1876년 도쿄 부(府) 지사가 시구개정에 관한 조사를 시작해 1880년에는 도쿄 부에 동경시구개정취조위원국을 설치했으며, 1884년에는 요시카와 아키마사(芳川顯正) 지사가 '동경시구개정의견서'를 내무성에 제출했다. 이에 내무성에는 동경시구개정심사회가 설치되었다. 심사회는 1885년 시구개정안을 의결하는 과정을 거쳐 1888년 '동경시구개정조례'를 원로원의 부의에 부쳤고, 1889년 드디어 최초의 법정 도시계획인 '동경시구개정설계'를 고시했다.[1] 그러나 경성의 경우 어느 날 갑자기 시구개정에 관한 총독명의의 훈령을 내리고 한 달 뒤 바로 경성에 대한 계획을 고시해버리는 식이었다.

이후 살펴볼 시구개정의 목표나 내용에서 더욱 분명히 드러나겠지만, 우선 시구개정을 실시하는 초기 과정에서는 시구개정에 대한 조사나 연구, 심의 등을 전혀 거치지 않고 총독부의 독단으로 시구개정을 단행했음을 알 수 있다.

이 점은 일제 식민지 당시 시구개정이 시행된 대만과 비교해도 쉽게 드러난다. 대만의 경우 1895년 식민지화한 후 1896년부터 타이베이(臺北)의 위생 상태를 개선하기 위해 연구한 끝에 하수도와 도로를 동시에 공사하는 방안을 구상했다. 이에 대만 총독부는 타이베이시구개정위원회를 설치해 도시계획 입안을 시작했으며, 1905년에 이르러서야 도시계획(시구개정)을 결정했다.[2]

---

1   東京都立大學 都市研究センター, 『東京: 成長と計劃(1868~1988)』, pp. 23~25.
2   越澤明, 『滿洲國の首都計劃』(東京: 日本經濟評論社, 1991), p. 13.

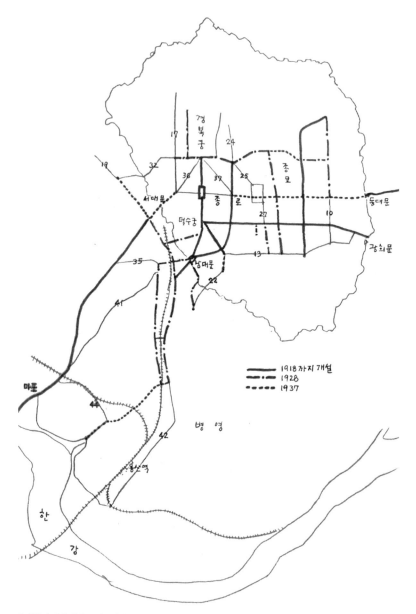

시행 단계별 경성부 시구개정사업(번호는 노선을 뜻함). 시구개수예정계획선도(1919) 위에 그림.

시구개정의 성격

일제강점기 당시 경성부에서 시행된 시구개정은 크게 세 시기로 나눌 수 있다.

첫째 시기는 1912년 시구개정에 관한 훈령이 내려지기 전인 대한제국기 및 일제강점기 초기로, 남대문-경성역 구간(2호로선)과 대한문-광희문 구간(8호로선, 을지로)은 이미 대한제국 시기부터 시행되어오던 치도사업의 연장이며, 황토현광장-남대문 구간(3호로선, 구 태평로, 현 세종대로)은 일제강점 후 만들어졌다. 이를 통해 광화문에서 서울역까지 하나의 축이 형성되었으며 을지로의 지리적 의미가 중요해졌다.[3]

둘째 시기는 1912년 시구개정이 고시된 이후 투자 및 공사가 진행된 1913년부터 1928년까지의 시기로, 1913년부터 1918년까지의 6년은 제1기, 1919년부터 1928년까지의 10년은 제2기로 볼 수 있다. 제1기 공사 기간에는 안국동-남대문, 혜화동-묵정동 등 도성 내 남북을 연결하는 도로가 개설되었으며, 서대문 밖으로는 마포를 연결하는 도로가, 동대문 밖으로는 숭인동을 연결하는 도성 밖 도로가 개설되었다. 제2기 공사 기간에는 돈화문-필동, 서부역-청파동, 서울역-남영동 등 도성 내외의 여러 도로가 개설되었다. 첫째와 둘째 시기를 통해 총 44개 노선 중 25개 노선에서 공사가 진행되었는데, 그중 19개 노선은 완성되고 6개 노선은 부분 완성된 것으로 파악된다. 도성 내에는 대체로 큰 격자형의 가로망이 형성된 것이 눈에 띄며, 도성 밖으로는 서남 측(마포·용산축)으로 도로가 개설

---

3   김기호, 「일제시대 초기의 도시계획에 대한 연구」, 《서울학연구》, 제6호(서울: 서울시립대학교, 1995), 41~61쪽. 그 외 대한제국기의 도로정비사업은 다음을 참조할 것. 이정옥, 「갑오개혁이후 한성 도로정비사업과 부민의 반응」, 121~174쪽.

▌ 뵈크만 계획은 실현되지 못했지만 이보다 북측에 동경역이 설치되고 동경역과 왕궁 사이에는 상징적인 넓은 가로축이 형성되었다. 사진은 왕궁에서 동경역 방면으로 바라본 가로축(교코도리)으로, 멀리 중심에 보이는 것이 동경역이다.

된 것이 두드러진다.

셋째 시기는 시구개정이 총독부 경성토목출장소에서 경성부로 이관된 1929년부터 1937년까지다. 이 시기에는 '조선시가지계획령'(1934)에 따라 1936년 11월 경성시가지계획가로망이 설정되고 1937년부터는 경성시가지계획사업이 실시되어 이후로는 이 계획에 따라 시가지 개수를 추진했다.

도심 식민화와 도심 이동

일제시대의 시구개정에 따라 시행된 서울 및 도심부 계획은 크게 다음과 같은 의미를 갖는 것으로 해석할 수 있다.

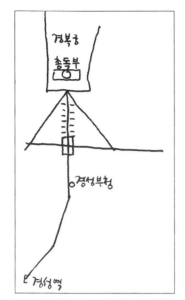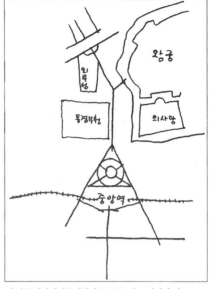

┃ 1919년 계획된 경성의 시구개정노선(왼쪽)과 뵈크만의 동경관청집중계획안(오른쪽)의 도시평면 비교.

첫째, 식민통치의 위엄을 과시하고 치안을 확보하기 위한 도시계획이었다. 황금정광장(현 을지로3가)을 중심으로 방사형 가로망을 구성한 것은 기존에 일제가 본거지로 삼은 남산 밑 총독부 등의 위엄을 살리기 위해서였고, 황토현광장(현 세종로네거리)을 중심으로 방사형 가로망을 구성한 것은 1912년에 이미 총독부 건물을 경복궁 내로 이전하려고 구상했기 때문이다.[4] 1919년의 계획에서는 황금정광장을 중심으로 한 방사형 가로망 구상은 취소되었지만 광화문 앞은 광화문을 중심으로 하는 방사형 가로망을 설치하는 것으로 귀결되었다. 1886년 독일인 엔데 뵈크만(Ende

---

4 경성부, 『경서부사 2권』(서울: 경성부, 1934), 225쪽; 손정목, 「조선총독부청사 및 경성부청사 건립에 대한 연구」, ≪향토서울≫, 제48호(서울: 서울시사편찬위원회, 1989), 62
~63쪽.

┃ 진해시 도시계획도. 네오바로크적인 방사형 가로망으로 구축한 도시다.
　자료: 조선총독부(1916). 국토지리정보원(http://www.ngii.go.kr)의 구 지형도.

Boeckmann)은 동경관청집중계획안 등을 통해 오스만이 추진한 파리 개조
사업을 도쿄에서 시도했으나 결국 성공하지 못했는데, 경성의 이 같은 네
오바로크적인 도시 평면 구성은 뵈크만의 영향을 받은 바가 크다. 이 같은
형태의 도시계획은 통감부 시대부터 추진되다가 1910년 식민지화된 조선
의 진해시 계획에서 실현되었다.

　도시를 이 같은 형태로 개조한 것은 한편으로는 절대군주의 위엄을 대
각선 방사선도로로 나타내고 네오바로크적인 도시미를 추구하기 위해서

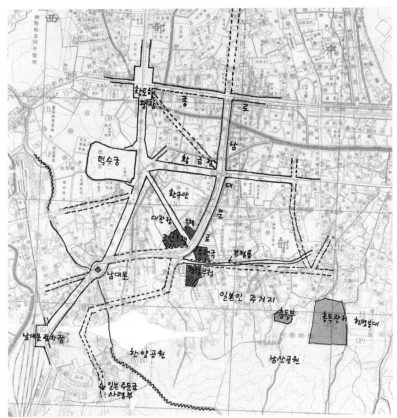

▌조선은행 앞 광장을 중심으로 하는 새로운 도심이 형성되었다. 경성부시가강계도(1914) 위에 그린 것으로, 점선은 시구개정계획으로 계획된 도로를 나타낸다.
자료: 서울역사박물관, 『서울지도』, 42쪽.

이기도 하지만, 다른 한편으로는 시민, 노동자 등의 민중운동을 제압하기 위한 치안대책의 의미도 가진다는 역사가들의 지적에서 알 수 있듯,[5] 일제가 1912년에 추진한 경성의 시구개정계획은 단순히 도시시설을 배치하는

---

5   東京都立大學 都市研究センター, 『東京: 成長と計劃(1868~1988)』, p. 9.

데 그치는 조치가 아니었다.

둘째, 도심을 이동시킴으로써 일본인이 도심의 주요 토지를 점유하기 위한 수단이었다. 1910년대에 단행된 시구개정은 바로 이전 시기인 대한제국 시기에 이뤄졌던 치도사업을 이름만 바꾼 것이라고 할 수 있다. 그러나 내용을 들여다보면 대한제국기에는 경운궁을 중심으로 도로 및 제반 시설이 배치되었던 데 비해 시구개정에서는 총독부(당시에는 남산 중턱) 및 일본인 주거지 중심으로 도로 및 제반 시설이 바뀌었다. 즉, 경복궁(후에 총독부가 들어서는 곳)을 중심으로 한 통치 중심과 경성부청[초기에는 경성이사청(현 신세계백화점 부근)], 조선은행(현 한국은행 본점) 및 혼마치[본정(本町), 현 충무로](혼마치는 중심가로를 뜻하는 일본어임)를 중심으로 한 상업 중심이 탄생한 것이다. 시구개정에서는 조선은행 앞 광장을 중심으로 남대문로 등 모두 다섯 개 방향으로 도로를 계획해 이곳의 중요성을 제대로 보여주었다. 실제로 조선은행 부지는 일제강점기 당시 서울에서 지가가 가장 높은 곳이었다.[6] 이렇듯 서울의 도심은 남쪽으로 이동했는데, 이는 일본인들이 도심의 상업업무에서 주도권을 장악했음을 의미한다. 결국 시구개정이라는 도시계획을 통해 일본인들은 서울의 주요 토지를 자연스럽게 소유할 수 있게 되었다.

---

[6] 강병식, 『일제시대 서울의 토지연구』(서울: 민족문화사, 1994), 202쪽.

03

재건을 위한 도시 만들기

한국전쟁으로 인한 서울 도심의 파괴[1]는 서울의 도시계획을 획기적으로 변화시킬 기회를 제공했다고 많은 사람들은 말하지만 실제로는 도시계획이 획기적으로 추진되지 못했다. 그럼에도 전재복구계획에서 의도하고 실행한 몇몇 조치는 향후 서울과 도심의 발전에 매우 중요한 의미를 가졌다.

종로 중심의 동서발전축 회복

전재복구계획에서 종로의 도로 폭은 일제강점기보다 더 넓은 40m로

---

1   서울특별시, 『서울육백년사』 제5권(서울: 서울특별시, 1995), 77쪽. "정부 건물만도 4,967동이 파괴되었고 은행, 학교, 병원 등 공공건물도 수없이 불타버렸다. 6·25동란 직전까지 서울의 개인주택은 19만 1,000여 동이었는데 그중 29%에 해당하는 5만 5,082동이 잿더미로 변했다."

▌40m로 확폭 계획된 종로. 2~7번은 남북가로가 넓어지는 도로를 표시한 것이다(① 28m → 40m, ② 15m
→ 40m, ④ 18m → 25m, ⑤ 20m → 40m, ⑥ 35m → 40m). 서울도시계획가로망도(1953) 위에 작업.
자료: 심경미, 「20세기 종로의 도시계획과 도시조직 변화」, 67쪽. 바탕지도는 서울역사박물관, 『서울지도』,
114~115쪽.

계획되었다. 이는 일제강점기 동안 명동과 남대문 밖 한강로, 용산으로 치
달았던 서울의 발전축을 다시 우리나라의 전통적인 중심축인 종로 중심의
동서축으로 되돌리기 위한 계획이었다. 이러한 종로 강화계획은 이후 연
차적으로 실시된 주요 도심시설 정비계획에 따라 더욱 확고해졌다. 파고
다공원 주변 정비계획(파고다아케이드 포함, 1966~1967), 세운상가 개발
(1968), 동대문 구전차 차고지 개발(1970), 종묘 앞 주변 정비계획(1985) 등
을 통해 종로에 면한 지구들이 연차적으로 개발되고 정비되면서 종로는
다시 서울 도심부의 중심축으로서의 면모를 갖추어갔다.[2]

근대적 도심가구의 도입

전쟁으로 파괴된 곳은 구획정리 방식을 도입해 새로 정리함으로써 조
선시대와 달리 근대적인 요구에 맞춘 새로운 시가지로 만들었다. 전쟁으
로 인한 파괴로 요즘 식으로 말하자면 부분적으로 도심재개발이 요구된

---

2   심경미, 「20세기 종로의 도시계획과 도시조직 변화」(서울시립대학교 대학원 박사학위
     논문, 2010).

것이다.

관철동, 종로5가, 을지로3가, 묵정동, 충무로 등 5개 지구는 제1중앙토
지구획정리지구로 지정되어(1952.6.14) 사업이 진행되었다.[3] 이를 통해 드
디어 서울 도심에 기존의 유기적인 소가로망 형태와는 대조되는 격자형의
소가구로 구성된 도시조직이 등장했다. 일제강점기에 시구개정사업의 시
행으로 간선가로가 건설됨으로써 대가구(大街區, super block, 200~300m ×
300~500m)가 형성되었는데, 이들 소가구는 대가구 내부를 충진하는 역할
을 담당했다. 이를 통해 토지구획정리된 도심에서는 모든 필지가 일조, 채
광, 통풍이 원활하면서 차량 진입과 소방안전까지 가능한 곳으로 변화되
었다. 이는 근대주의 도시계획이 추구한 도시 형태였으며, 서울 도심부에
서 최초로 출현한 근대적인 도시가구였다.

구획정리로 만들어진 도시평면은 격자형이었고, 가구의 크기는 100m
내외 × 30m 내외의 소가구였으며, 도로는 최소 4m 이상으로 모든 필지가
차량 진입이 가능하도록 만들어졌다.[4] 일제강점기 당시 토지구획정리사업
을 통해 신개발 주거지는 대거 형성되었으나 상업지는 기성시가지라서 구
획정리가 실제로 실행되지 못했다. 따라서 전재복구계획을 통해 우리 손
으로 이룬 구획정리사업은 우리나라 근대 도시계획의 효시라 할 수 있다.[5]

---

3 같은 글, 92쪽.

4 김진희, 「관철동 도시블록 특성에 관한 연구」(서울시립대학교 대학원 석사학위논문,
2005), 39쪽.

5 서울특별시, 『서울도시계획연혁』(서울: 서울특별시, 2001), 1120쪽. 토지구획정리사업
의 시대별 특징에서는 1950년대 사업을 다음과 같이 평가한다. "우리나라 정부 수립 이
후 처음으로 우리의 기술자들에 의해 토지구획정리사업을 시행한 점에서도 의의를 찾아
볼 수 있다."

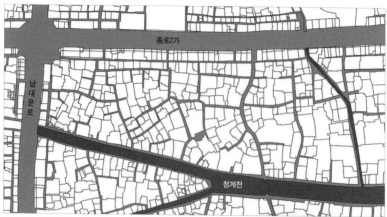

▌ 1929년 관철동지구 도시평면도.
　자료: 송희숙 외, 「관철동 도시형태 특성 및 변화에 관한 연구」, ≪한국도시설계학회 학술발표대회논문집≫
　(2006 추계학술발표대회), 97쪽.

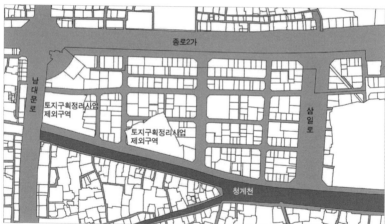

▌ 1952년 관철동지구 도시평면도(도시구획정리 환지처분도).
　자료: 송희숙 외, 「관철동 도시형태 특성 및 변화에 관한 연구」, 97쪽.

　구획정리 당시 조선시대 때 종로에 면해 형성된 횡장방형 가구[옛 시전
행랑(市廛行廊) 자리] 외에는 도심부가 대체로 유기적이며 부정형적인 소가
로망이었음을 돌이켜볼 때 이는 엄청난 변화이자 근대적인 도심으로의

▌건축선이 정연하며 격자형 가로망
을 갖춘 활기찬 관철동 가로공간.

새로운 변화를 의미하는 것이기도 했다. 1970년대 말 강남 등이 등장하기

전까지는 명동이나 관철동이 최신 도심으로서 많은 서울 시민들의 시내

나들이 장소가 된 배경에는 이와 같은 근대화된 도시계획이 자리 잡고 있

었다.

04

차량을 위한 도시 만들기

도심공간의 해체

1970년대에 시작된 도심재개발계획은 서울 도심의 도시평면과 경관을 대폭 바꾸어놓았다. 앞에서 설명한 것처럼 일제강점기의 시구개정사업에 서는 도심을 개조하기 위해 간선도로망을 건설했는데, 그 결과 대가구가 출현했다. 반면, 1970년대 이후의 도심재개발은 대가구의 내부를 개조하 는 데 중점을 두었고, 그 결과 대규모 필지로 이뤄진 중형 가구가 탄생했 다. 이는 전재복구 과정에서 잠깐 시행된 구획정리 방식으로 형성되었던 소가구 소형 필지와는 전혀 다른 형태로, 건물의 대지가 매우 대형화되고 가로가 넓어졌으며, 결과적으로 건축된 건물 역시 층수가 높아지고 규모 가 거대해졌다.

이러한 방식의 도시계획은 근대적 도시계획이 추구했던 개방적인 도

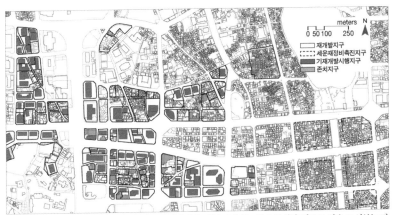

▌도심부의 중요한 위치를 대부분 차지하는 재개발구역. 역사도시라는 말이 무색할 정도로 서울 도심부는 많은 지역이 재개발구역으로 지정되어 있으며, 재개발 방식도 철거재개발 일변도다.

시공간을 형성하고 자동차 중심의 도시를 만들기 위한 것으로, 이를 위해서는 꽉 짜인 건물 배치로 형성된 기존 도심의 가로공간이나 광장을 해체해야 했다. 이는 당시 평면적으로 과밀화된 도심에서 매우 절실했던 일조, 채광, 통풍 등의 요구조건을 만족시키면서 높은 밀도를 달성하기 위해 선택한 계획 아이디어라고 할 수 있다.

이로 인해 도심의 건물들은 가로나 광장에 면하면서 서로 공간적·기능적으로 관계를 맺던 방식에서 벗어나 자동차 위주의 접근도로로 둘러싸이게 되었고 옆 건물이나 앞의 보행인도와는 관계없는 섬 같은 모습으로 배치되었다. 기능적으로도 업무공간 위주의 건물들이 압도적으로 많아져 도심은 사람이 머물고 사는 곳이 아니라 주간에만 일하는 곳으로 변해버렸다. 흔히 말하는 도심 공동화가 도시계획이라는 이름하에 계획적으로 진행된 것이다. 그 결과 도시공간은 크고 높은 건물들로 들어차 인간적인 스케일(scale)을 상실했고, 가로(보행자)와 연관되지 않은 건물 배치 및 형

다동재개발구역에 자리한 건물의 주변 도로는 차량으로 가득 차 있다. 교통과 주차 문제를 해결한다는 재개발이 오히려 더 많은 차를 불러 모아 결국 차로 가득한 도시를 만들고 있다.

주변의 위압적인 재개발 고층 건물의 그늘에 가려진 역사문화재 광통관 모습. 남대문로는 일제강점기의 근대적인 건물이 많았던 곳이나 지금은 대부분 헐리고 광통관, 한국은행 본점, 신세계백화점 본관 등만 남아 있다.

태로 가로공간이 실종되었으며, 가로는 보행보다 자동차 통행 중심으로 바뀌었다.

또한 철거재개발로 도심부에서는 장소적으로나 건축 및 도시계획적으로 중요한 의미를 지닌 역사문화유산들이 대거 사라졌다. 재개발구역에서는 역사적 건물이나 시설뿐 아니라 역사적 도시조직인 도시평면마저 완전히 철거되고 새로 만들어졌다. 도심상업지역에서는 인사동지구만 유일하게 역사적인 풍모를 지녔다는 이유로 보존되었으며, 전재복구사업의 토지구획정리에 따라 소가구 소필지로 형성된 명동지구나 관철동지구는 한편으로는 기존 상권을 유지하기 위해, 다른 한편으로는 일조, 채광, 통풍, 소방 등이 근대적인 도시계획 요구를 어느 정도 충족한다는 이유로 존치되어 재개발에서 제외되었다. 이들 지구는 이제 계획된 지 60년이 지난 곳으로, 상업지역을 근대적으로 토지구획정리한 최초의 지구라는 역사적 의미까지 지니게 되었다.

철거 예정 지장물에서 미래의 자원으로

흔히 도시계획에서는 계획을 수립하거나 실행하는 데 장애가 되는 요소를 지장물이라고 부른다. 신도시계획의 경우 기존 마을이나 주거, 묘지 등이 대표적인 지장물이며, 기성시가지의 경우 기존 건물이나 지하 매설물 등 지장물이 다양하다. 지금까지의 도심재개발은 철거 중심의 재개발이었으므로 문화재로 지정된 극소수의 건물 외에는 건물이나 수목, 또는 시설물이나 골목이 모두 지장물의 범주에 포함되어 철거 대상이었다. 말이 기성시가지 속의 재개발이지, 결국 신개발이나 다를 바 없는 상황이었던 것이다.

▌재개발로 사라진 청진동 해장국 골목(2010). 오른쪽의 철거된 곳은 12~16지구로, 5개 지구를 통합해서 개
발해 지금은 엄청나게 거대한 건물(그랑서울)이 들어섰다.

　2010년 수립된 '2020년 목표 서울특별시 도시환경정비기본계획'(이하
도시환경정비기본계획)[1]에서는 정비예정구역(재개발예정구역)을 조심스럽
게 지정해서 역사문화재 주변 지역이나 역사적 도시조직이 남아 있는 구
역을 정비예정구역 지정에서 배제했으며, 나아가 철거 위주의 재개발보다
기존 도시조직을 가능한 한 유지하는 수복재개발을 강조하는 등 큰 변화
를 보였다. 이는 향후 서울 도심의 성격과 공간 형태 등에 큰 영향을 미칠
것으로 예상된다.

1　서울시는 2000년 최초로 도심부관리기본계획을 수립한 이후, 2001년 후속적으로 도심재
　개발기본계획을 수립했으며, 2002년 법규 변화에 따라 2010년에는 계획을 재정비하며
　도시환경정비기본계획으로 명칭을 바꾸었다.

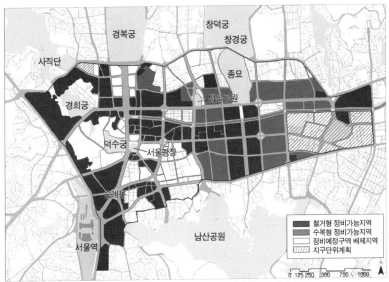

┃ 도심부 정비수법에서 수복형 정비가능지역과 정비예정구역 배제지역이 확대되었다.
자료: 서울특별시, 「2020년 목표 서울특별시 도시환경정비기본계획: 본보고서」(서울: 서울특별시, 2010), 64쪽.

서울 도심의 교통 문제를 대중교통과 보행 중심으로 해결하려는 서울시의 기본방침을 고려할 때 도심을 자동차 중심의 철거재개발 및 대규모 박스형 사무실 건축으로 유도하는 것은 앞뒤가 맞지 않는 정책이다. 서울의 도심은 전근대시기에 만들어졌으므로 보행을 소통의 기본으로 삼은 보행도시다. 그렇기에 동대문-서대문 간 거리는 4km 정도로 걸어서 갈 만하다. 이러한 보행도시의 유산이 중요한 이유는 단순히 역사적으로 의미가 있기 때문이 아니라 이 유산이 바로 오늘과 내일의 도심을 보행 중심적이고 대중교통 중심적으로 만드는 데 기여하는 새로운 자원이 될 수 있기 때문이다. 골목과 소로 등 자동차가 쉽게 다닐 수 없는 곳을 좀 더 유지해 자연스럽게 보행환경을 확보한다면 역사적 풍취를 유지하면서 대중교통

과 보행 위주의 정책도 실현할 수 있을 것이다. 이처럼 도심 내 역사적 유
산이나 오래된 도시조직은 역사적 의미를 지닐 뿐 아니라 미래 서울 시민
의 삶을 위한 새로운 자산으로 다양한 측면에서 재사용될 수 있다.

역사의 지문(地文), 세 가지 도시평면의 켜

도시에서 길을 찾아야 하는 상황이 발생하면 사람들은 흔히 길을 찾는 수단으로 지도를 떠올린다. 국내에서야 그럴 일이 그다지 많지 않지만 외국의 도시로 출장 또는 관광을 가면 거의 누구나 지도를 들고 원하는 곳을 찾아가기 마련이다. 서울의 길거리에서도 외국인이 지도를 들고 다니며 원하는 곳을 찾는 광경을 심심치 않게 볼 수 있다. 지도란 대체로 도시 전체 또는 특정 부분을 평면적으로 표시해놓은 도면이다. 도시계획이나 도시설계 전문 분야에서도 지도를 사용하는데, 때로는 특정 지역의 현황을 자세히 파악하기 위해 아주 세밀한 지도가 필요하기도 하다. 이렇게 만들어진 도면을 지도라고 부르기에는 부족한 감이 있다. 필자는 이런 도면을 지도와 구분해 도시평면도라고 부른다.[1]

건물을 설계할 때 건물평면이라는 용어를 쓰는 것처럼, 도시를 설계하거나 나타낼 때에는 이 용어를 확장해 도시평면이라고 칭하는 것이 자연스럽다. 필요에 따라서는 다양한 축척으로 도시평면도를 만들어 도시의 공간 및 형태를 자세히 설명할 수도 있다. 건축이 아무리 입체적인 작업이라 할지라도 건축에서 평면이 가장 기초적이며 중요한 요소임은 누구도 부인할 수 없다. 필자 생각에는 도시평면도 마찬가지다. 요즘과 같이 도시설계 등 도시를 마이크로한 공간 및 형태로 접근하는 경우에는 더욱 그러하다.

도시평면에는 다양한 요소를 표시할 수 있다. 가로망 형태, 블록의 크기와 형태, 필지의 조직과 형태, 나아가 건물의 배치, 심지어는 건물의 대략적인 평면, 조경요소의 위치와 형태 등 우리가 일상에서 마주치는 도시 속의 거의 모든 것을 표현할 수 있다. 그동안 우리는 가로망 구조와 블록, 필지의 분할은 도시계획에서, 도로공간의 관리나 사용은 토목과 조경에서, 필지 내 건물의 배치와 설계는 건축에서 다루고 관리해왔기에 이들이 모두 포함된 도시평면은 별도로 존재하지 않았다. 그러나 도시 속 사람들은 이들 전문 분야의 경계와는 관계없이 도시와 건축의 공간을 넘나든다. 따라서 도시 내 사람들의 요구와 행동 패턴에 적합한 도시공간을 만들려고 한다면 도시평면을 파악하고 분석하는 일은 피할 수 없는 과제다. 또한 도시평면은 도시의 변화를 나타내는 유용한 도구이기도 하다.

일제강점기 시구개정에 따른 간선도로의 설치와 1970년대 이후 도심 철거재개발이라는 두 번의 큰 도시개조사업을 통해 서울 도심은 조선시대

---

1   도시평면(Stadtgrundriss)은 독일어권에서 주로 사용하는 용어다. 더 나아가 도시입면 (Stadtaufriss)이라는 용어를 사용하기도 하는데, 이는 일정한 가로구간에 면한 건물 파사드를 연속적으로 그린 도면을 뜻한다.

의 유기적인 형태에서 격자형 골격의 간선가로망에 따른 대가구 및 그 내부에 사각형의 정연한 가구들로 구성된 현대도시로 개조되어왔다. 일제강점기의 시구개정이 큰 얼개와 구조를 만드는 개조였다면, 1970년대 이후 도심재개발은 이 구조 속의 알맹이까지 모두 개조해 역사적인 도심의 면모를 송두리째 변화시키는 작업이었다. 한편 대규모의 도시개조는 아니었지만 1950년대에 시행된 전재복구를 위한 토지구획정리사업은 격자형 소가구로 구성된 독특한 도시조직을 만들어내기도 했다.

이러한 변화 과정을 거치면서 오늘날의 서울 도심부에는 세 가지 유형의 도시평면이 공존하게 되었다.

첫째, 유기적 도시평면으로, 조선시대부터 내려온 유기적 형태의 골목과 소규모 필지들이 만들어내는 평면이다. 이는 그동안 도심재개발에서 불규칙하고 무질서한 도시조직으로 취급되며 대대적으로 철거되었던 도시평면이기도 하다. 하지만 지금은 도심재개발에 대한 인식이 바뀌면서 이러한 도시조직을 보호하고 유지하려는 노력을 기울이고 있다. 이들 도시조직을 수복형 정비지역으로 지정하거나 재개발예정구역에서 아예 배제하는 경우까지 생기고 있다. 이렇게 하면 기존의 도시조직을 유지·보존하면서도 필지들 간의 합필(合筆) 등을 통해 도심에 일정 정도의 변화를 줄수 있다. 따라서 예전의 길과 필지를 어느 정도 유지하는 선에서 도시평면을 보존할 수 있다.

둘째, 소규모 가구들로 구성된 격자형의 소가구 소필지 도시평면이다. 대부분 한국전쟁 후 전재복구계획에 따라 토지구획정리사업이 실시된 지구로, 관철동지구와 명동지구가 대표적이다. 이들 지역은 도시환경정비기본계획에 대체로 정비예정구역 배제지역으로 지정되어 있어 현재의 도

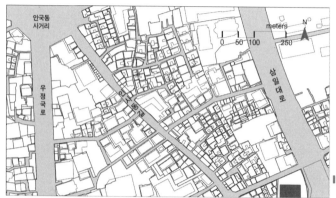

인사동 길 및 주변에 보
존된 유기적인 도시평면.

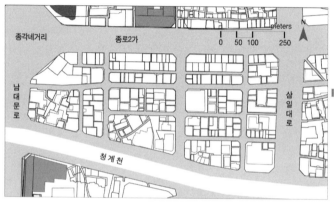

관철동지구의 격자형 소
가구 소필지 도시평면. 관
철동지구는 1950년대의
전재복구 토지구획정리
사업으로 형성되었으며,
우리나라 상업지역에서
는 최초로 만들어진 근대
적 격자형 도시블록이다.

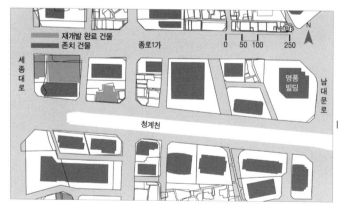

서린동(청계천 북측)과
다동(청계천 남측)의 격
자형 중가구 대필지 도
시평면. 철거형 도심재
개발을 통해 만들어진
곳이다.

시조직이 오랫동안 유지될 수 있었다. 이들 지역에는 중소 규모의 필지에 가로 폭 6~15m, 5~10층 건물이 들어서 있어 인간적인 스케일을 보여준다. 건물들은 가로에 면해 건축선을 맞춰 정연하게 건축되었으며 가로공간을 둘러싸고 있다.

셋째, 격자형의 중가구 대필지 도시평면으로, 도심재개발로 만들어진 중규모 가구들(대체로 두세 개의 큰 대지로 이뤄진다)로 구성된 곳이다. 1970년대 이후 도심재개발이 시행되면서 나타나기 시작한 형태로, 건물들은 20층 내외의 대형 업무용 건물이 주를 이루며 가로와 떨어져 홀로 서 있도록 배치되었다. 이들 지역은 조선시대부터 내려온 유기적 도시평면의 도시조직을 철거하고 새로 만들고 있는 도시조직으로, 건물 자체는 매우 완벽하고 질서 있지만 이 건물들이 모여 이룬 구역은 건물-가로 간이나 건물-건물 간에 특별한 질서가 없어 산만한 모습을 보여준다.

이 같은 도시평면의 변화와 공존은 그동안 서울의 도심이 우리나라의 근현대화 물결에 어떻게 대응해왔는가를 잘 보여준다. 1970년대 이후로는 도심부의 도시평면이 격자형의 중가구 대필지로 변화되는 양상을 보여왔는데, 이에 따라 도심부에서는 역사적인 도시조직이 점점 사라지고 대규모의 고층 건물이 중심인 도시가 만들어지고 있다. 이러한 방식은 도시공간(가로 또는 광장 등) 중심의 도시 형성과는 매우 다른 도시경관 및 기능 관계를 보여준다.

최근에는 이에 대한 반성으로 도심재개발 방식을 다시 검토해 재개발하는 구역을 축소 조정하거나 철거재개발하는 경우이더라도 기존의 도시평면 요소를 새로운 도시평면 설계요소로 고려하려는 움직임이 일고 있다. 이런 과정에서 전재복구 구획정리에 의해 만들어진 격자형의 소가구

소필지 도시평면은 꾸준히 형태를 유지하면서 변화의 요구를 수용해내고 있으므로 이 도시평면의 잠재력과 가능성에 많은 관심을 기울일 필요가 있다.[2]

---

2 소가구 소필지 도시평면이 상황 변화에 신축적으로 대응하는 것과 관련된 자세한 사항은 12장 '변화에 대응 가능한 도시조직' 및 다음 글을 참조할 것. 송희숙 외, 「관철동 도시형태 특성 및 변화에 관한 연구」, 95~106쪽.

2부

도심을 파괴하는
도심재개발

혼잡하고 노후한 도심부를 개선하기 위해 1970년대부터 도심재개발이 도입되었다. 초기의 재개발은 방법도 분명치 않고 재개발을 통한 수익 전망도 불확실한 상황이어서 제대로 진행되지 않았다. 그러나 1980년대 아시안게임과 올림픽게임을 앞두고 규제완화정책이 시행되고 경제 성장에 따른 업무공간 수요가 증가함에 따라 1980년대 중반 이후 1990년대를 거쳐 도심재개발이 대거 시행되었다.

그러나 도심재개발은 주로 철거재개발로서 대규모 필지와 대규모 건축물을 개발하기 위한 수단이었다. 이에 따라 기존의 오래된 옛길이나 이와 연계된 주변 건물, 그리고 이들이 만들어내던 특성 있는 가로와 역사성은 하루아침에 허물어져 갔다. 1990년대 초반에는 이에 대한 반성으로 무조건적인 철거재개발을 막기 위해 철거재개발, 수복재개발, 보전재개발 등 세 가지의 수법을 도입해 재개발기본계획에 포함하도록 제도화했다. 그러나 이후로도 철거재개발은 지속되었고 수복재개발이나 보존재개발은 권리관계나 기반시설비용의 분담 등이 복잡하다는 이유로 제대로 실천되지 못했다.

그 결과 도심부는 점점 거대 건물의 숲으로 바뀌었으며 공동화되기 시작했다. 도심의 역사성과 다양성은 사라지고 단조로운 거대 사무실 건물이 그 자리를 채우게 된 것이다.

종묘의 아침을 훔치는 청계천 주변 세운구역 재개발[*]

청계천이 문화재다

필자는 20여 년 전 ≪건축가≫ 잡지에 「경복궁 복원의 도시계획적 의미」라는 글을 게재한 적이 있다.[1] 그사이 세상이 정말 많이 바뀌어서 이즈음 경복궁도 많이 복원되었다. 나아가 광화문에서 세종로네거리까지의 공간이 나아가야 할 방향에 대해 매우 긍정적인 논의들이 구체적으로 진행되어 광화문광장이 조성된 것은, 디자인에 대해 말이 많기는 하지만, 어찌되었든 반가운 일이다. 당시 글을 쓴 주목적은 많은 사람들이(특히 건축

---

*   이 글은 ≪건축가≫에 싣기 위해 2005년 5월 작성했으나 사정상 제출하지 못했던 것이다. 이후 세운재개발구역 가운데 종로와 면한 2, 4지구는 문화재위원회의 심의 과정에서 높이가 조정되어 이 글에서 우려했던 최악의 상황은 피한 것으로 보인다.

1   김기호, 「경복궁 복원의 도시계획적 의미」, ≪건축가≫, 136호(1993년 11월), 54~56쪽.

문화재와 관련된 사람들이) 경복궁의 복원에만 신경을 쓸 뿐, 경복궁 복원이 갖는 도시계획적 의미는 거의 생각하지 않는다는 사실을 지적하기 위해서였다. 경복궁은 국가적·역사적 의미를 지닌 역사문화재이지만, 경복궁이 도시공간, 나아가 오늘날 서울에 사는 사람들의 삶과 밀접히 관련되지 않으면 경복궁 복원은 단순히 문화재 복원이라는 제한적 의미만 갖게 될 것이다.

2002년 새로운 시장의 취임과 함께 다분히 정치적인 배경에서 시작한 청계천복원사업은 건축문화재 전문가가 아닌 도시계획 전문가들이 중심이 되어 추진한 사업답게 역사적 구조물의 보존에 신경을 쓰기보다는 자연의 회복(물 흐름의 회복이라고 해야 더 적절할 것이다)과 함께[2] 청계천 복원 이후 주변의 도시개발에 더 관심을 쏟았다.[3]

역사적 구조물에 지대한 관심을 갖고 있는 역사학계 및 고고학계는 이런 상황을 매우 불편하게 여겼고 급기야는 청계천의 옛 다리 등 구조물을 문화재로 지정하자고 주장해[4] 복원사업의 정치적 일정에 쫓기던 관련 공무원과 도시계획 전문가들을 당황스럽게 만들었다. 문화재로 지정되려면 조사나 지정 절차 등을 거쳐야 하는데 그러면 청계천 복원공사가 지연되

---

2 청계천은 이미 조선시대부터 자연물이라기보다는 인공적인 구조물이었다고 할 수 있다. 그럼에도 사업 측은 청계천 복원을 자연의 복원이라고 시민들에게 홍보함으로써 역사유산으로서의 청계천보다는 초고밀의 삭막한 도시에서 자연환경에 더 관심을 가질 수밖에 없는 일반 시민들의 관심을 끌려고 했다.
3 청계천 복원과 함께 2004년에 수립한 「청계천복원에 따른 도심부발전계획」에서는 별도의 보고서로 「청계천주변관리방안」을 제시했다. 당시 도시개발 청사진은 청계천 주변을 국제금융허브로 만드는 것이었다.
4 청계천 전체를 역사문화재로 보는 시각이 부재해 안타깝기는 하지만, 그나마 다리 등 구조물의 역사적 의미에라도 관심을 가진 것은 다행스러운 일이다.

▌청계천 복원과 함께 복원된 광교의 모습(2005).

기 때문이었다. 게다가 문화재로 지정되면 주변 건물의 높이가 제한되어 주변 지역을 초고층 국제금융 중심으로 조성하려던 계획을 실현하기 어렵다고 여긴 탓도 있었다.

　이 글에서는 청계천 복원 및 주변 재개발사업 자체에만 국한되던 개발과 보존에 관한 논의를 좀 더 확장해 청계천 복원과 주변 세운구역 재개발이 역사도심에 미치는 영향을 분석하려 한다. 재개발사업 측이 주장하는 것처럼 청계천 복원이나 청계천 주변의 개발은 서울 도심의 구조를 대폭 변화시키는 중요한 사업이기에 이러한 검토는 더욱 필요하고 의미 있다고 할 수 있다.

청계천 회복의 시각에서 본 청계천 복원

　청계천 복원은 건축, 도시계획 등의 전문 분야에서 일찍부터 꿈꾸어온

▌동대문구간의 청계천 복원 구상도.
　자료: 서울특별시, 「청계천복원에 따른 도심부발전계획」(서울: 서울특별시, 2004), 25쪽.

사업이다. 시민들 중에서도 내심 청계천이 복원되기를 바라는 사람이 많
았을 것이다. 하지만 결단을 내리기가 무서워 말만 무성했을 뿐, 실천은
요원한 것처럼 생각되던 사업이었다. 이런 의미에서 결단과 실행을 감행
한 당시 서울시장의 용기는 참으로 대단하다고 할 수 있다. 시민들이나 도
시계획 전문가들은 청계천 주변이 쾌적한 삶의 공간이 될 것이라고 생각
하고 있었기 때문에 청계천 복원에서 물이 흐르는 하천과 오픈 스페이스
를 만드는 것이 중요하다고 생각했다. 역사학계나 고고학계에서는 광교,
오간수문과 성곽, 그리고 청계천 자체의 역사적 의미를 회복하는 데 큰 관
심을 가졌다. 이에 따라 청계천 복원은 다양하고 풍부한 논의거리를 지닌
매우 의미 있는 도시개선작업으로서의 위상을 점했다. 청계천을 회복한

┃ 청계천 주변 재개발현상설계 당선안. 종묘 등의 녹지가 배경으로 두드러진다.
　자료: 서울특별시, 「세운재정비촉진계획」(서울특별시고시 제2009-107)(서울: 서울특별시, 2009), 13쪽.

다는 시각에서 보자면 청계천 복원은 역사성을 회복하고 자연요소(물)를 회복해 서울 시민 모두 역사와 자연요소가 어우러진 풍요로운 도시환경을 즐길 수 있도록 만드는 작업이었다.

재개발의 시각에서 본 청계천 복원

청계천을 복원하겠다는 발상의 시작이 진정 청계천 복원 때문인지, 주변의 재개발 때문인지는 구별하기 쉽지 않다. 청계천 복원과 청계천에 연접한 주변 지역이 밀접하게 연결되어 있다는 것은 노련한 전문가가 아니더라도 누구나 쉽게 짐작할 수 있는 사실이다. 그러나 청계천이 공공의 자산이고 그 복원이 전적으로 시민의 세금을 사용하는 공공부문의 노력에 달려 있는 반면, 주변의 재개발은 민간의 자산이므로 민간부문이 중심인 것만은 분명하다. 이런 구도 속에서 공공기관이 해야 할 일은 청계천 복원이 공공부문의 자금투자로 이뤄지는 만큼 민간 추진의 재개발이 청계천 복원의 이득을 독점하지 못하도록 하거나 또는 공공이 얻는 이득을 훼손하지 못하도록 하는 것이다. 나아가 이 사업이 가지는 위상과 의미가 도심 전체, 아니 서울 전체에 영향을 미치므로 민간 개발로 인해 주변에 연접한 지역에 발생하는 부정적 외부효과(negative externality)[5]를 최소화하는 것이다. 누구나 자기 집 앞에 큰길이나 공원이 생기면 그 이점을 극대화하려고 애쓰기 마련이고 그런 와중에 공공이나 이웃에게 폐를 끼치는 일이 심심치 않게 발생하는 것도 사실이다. 청계천 주변의 재개발지역도 예외는 아니다. 그들은 '청계천의 아침'을 넘어 '종묘의 아침'[6]을 꿈꾼다. 따라서 이러한 의도와 현상을 어떻게 인식하고 어떠한 논리로 이에 대처할 것인지 고민하지 않을 수 없다.

---

5   그동안 이른바 달동네의 주택재개발에서는 재개발이 주변의 경관이나 기반시설에 미치는 부정적인 외부효과에 대한 연구가 많았으며 공공행정에서도 민간부문에 대한 비용 부담 요구 등 대책을 마련하는 데 고심했다. 도심재개발도 이 점에서는 예외일 수 없다.

6   경희궁 주변에 세워진 한 주상복합아파트는 '경희궁의 아침'이라고 이름을 지어 여러 가지 측면에서 세인의 관심을 끈 적이 있다. 이 상업적인 이름은 고궁이자 오픈 스페이스인 경희궁이 가까이 있고 경희궁을 내다볼 수 있다는 의미를 내포해 매력적인 조망이나 사용 가능성을 암시하는 마케팅적 의미를 내포하고 있다.

▌ 서울 세운상가 일대 도심 풍경(2007). 세운상가가 종묘와 남산 사이를 연결하고 있다.
자료: 세운상가 활성화를 위한 공공공간 설계 국제공모. http://seuncitywalk.org의 'photo gallery'.

종묘의 시각에서 본 청계천 복원

언뜻 생각하면 종묘와 청계천은 멀게 느껴진다. 실제로 300~400m 정
도 떨어져 있기도 하다. 그러나 많은 도시계획가들의 꿈 가운데 하나는 북
한산-종묘를 이어 내려오는 녹지축을 청계천까지 이은 뒤 남산을 넘어
관악산까지 연결시키는 것이다. 종묘 좌우의 하천지류는 청계천으로 흘
러들어가므로 이런 구상은 일리가 있어 보이기도 한다.[7]

---

[7] 1979년 수립된 재개발기본계획의 CBD 공간구조 개념도를 보면 이미 세운상가의 좌우가
포함된 지역이 오픈 스페이스로 구상되어 종묘와 남산을 잇는 형태를 띠고 있다. 그러나
1994년 도심재개발기본계획에서는 세운상가를 철거하고 녹지축을 만들자는 논의가 공
식적으로 가시화되었다.

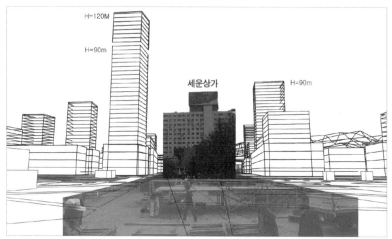

┃ 종묘 입구에서 본 세운재개발구역 개발 예상도. 가운데는 지금은 헐린 세운상가다. 건물 높이는 90m까지
허용되며, 높이 규제완화에 따라 120m까지도 가능하다.
자료: 서울시립대학교 대학원 도시설계/역사연구실(2005), 「청계천 복원의 도시계획적 의미」(서울: 서울
시립대학교 대학원 도시설계/역사연구실). 미발표 논문.

더구나 종묘 바로 앞에 위치한 종로와 청계천 사이의 블록(흔히 세운재
개발구역 2지구, 4지구라고 불린다)이 재개발로 크게 변화될 것으로 예상되
는 상황이므로 청계천 복원 및 이와 연계된 재개발이 종묘와 관계가 없다
고 말하기는 어렵다. 이러한 평면적인 고찰을 넘어 입체적으로 분석해보
면 청계천 복원 및 이에 따른 주변 지역 재개발의 파동은 종묘와 곧바로
연결된다는 사실을 쉽게 알 수 있다.

이렇게 되면 종묘를 외면한 채 청계천 주변의 도시계획을 논하기란 불
가능해 보인다. 그런데 종묘가 어떤 공간인가? "조선시대 왕과 왕비의 신
주를 모신 유교사당으로서 가장 정제되고 장엄한 건축물 중의 하나"[8]가 아

---

8   문화재청 종묘 홈페이지(http://jm.cha.go.kr) 자료실의 '소개'.

재개발계획

종묘 정문에서 본 세운상가

종묘 정문에서 본 재개발계획
경관 시뮬레이션

보령제약

세운상가   남산타워

종로타워

▌종묘 정전 주변에서 본 주변 도심지 개발 현황 분석. 종묘 정전 기단에서 좌우로 촬영한 사진을 합성했다.
　자료: 서울시립대학교 대학원 도시설계/역사연구실(2005), 「청계천 복원의 도시계획적 의미」.

닌가? 말 그대로 엄숙한 공간이다. 청계천 복원이 주는 이득만으로 부족
해 종묘까지 넘보려는 것을 어떻게 할지는 우리 사회의 큰 과제다.

높이 관리 없는 역사도심 관리

복잡하게 이야기할 것 없이 단순하게 말하자면 종묘와 청계천을 둘러
싼 논의는 결국 건물 높이가 관건이다. '종묘의 아침'이라는 말에서 알 수
있듯 주상복합아파트는 시각적 욕구를 충족시키기 위해 종묘를 넘보고 있
지만, 종묘 입장에서는 주상복합아파트가 반대로 숭고하고 숙연한 종묘의
분위기를 해치는 눈엣가시 같은 존재다.

도시나 건축을 만들어간다는 것은 결과물로 볼 때 시각적·입체적인 물
건을 만들어간다는 것을 의미한다. 여기서는 건물의 높이가 매우 중요한
요소로 작용한다. 단순히 용적률만 조절한다고 해서 높이의 문제가 자동
으로 해결되는 것은 아니다. 용적률과 높이는 서로 연관되어 있긴 하지만

┃ 재개발계획안의 돌출 경관 시뮬레이션(가운데 사진). 위 왼쪽은 종묘 정문에서 볼 때 예상되는 경관 시뮬레이션이며, 위 오른쪽은 종묘 정전 기단에서 볼 때 예상되는 경관 시뮬레이션이다. 맨 아래는 종묘 정전 기단에서 볼 때 예상되는 경관의 컴퓨터 시뮬레이션이다.
자료: 서울시립대학교 대학원 도시설계/역사연구실(2005), 「청계천 복원의 도시계획적 의미」.

전혀 별개로 따로 놀 수도 있기 때문이다. 필요에 따라서는 오히려 용적률을 허용하더라도 높이는 꼭 규제해야 하는 경우도 많다. 산 주변, 강이나 오픈 스페이스 주변, 문화재 주변 등이 이런 경우에 해당한다.

그동안 개발업자들의 관심은 법적으로 허용된 용적률을 충분히 활용하기 위해 높이 규제를 완화하는 데 맞춰져 있었다.[9] 그러나 건물이 점점

---

9   초기에는 도로 폭에 따라 적용되는 사선제한을 완화함으로써 건물 높이를 높이려 했으며, 이후에는 가로구역별 높이제한을 도입함으로써 도로 폭과 관계없이 높이를 완화했다. 이러한 방법을 도입한 것은 일정 대지에 법으로 허용된 용적률이 도로 사선제한 때문에 제한되는 것을 피하기 위해서였다. 사실 용적률을 법으로 규정한 이유는 규정된 용

초고밀화되어 도시공간이 급격히 답답해지면서 개발로 신축되는 건물에서는 높이가 조망이나 개방감 등 다른 상품가치를 확보하기 위한 중요한 요소로 부상하고 있다. 그런데 이런 조망이나 개방감은 스스로 조성되는 것이 아니라 주변의 오픈 스페이스(대체로 공공의 토지)나 저개발지의 희생 덕분에 조성되는 것이다. 오픈 스페이스에 면한 민간 개발업자의 건물이 오픈 스페이스를 조망할 권리를 주장한다면, 반대로 오픈 스페이스의 일반 시민들도 높은 건물에 둘러싸여 답답함을 느끼지 않을 권리를 주장할 수 있다. 더구나 오픈 스페이스가 종묘와 같이 상징성과 엄숙함을 요구하는 역사적 문화재라면 좀 더 높은 차원의 고려가 요구된다.

결론적으로 말하자면, 민간의 개발이 주변 지역에 미치는 부정적인 외부효과를 최소화하기 위한 도시계획적[10] 조치가 요구된다고 할 수 있다.

적률 이하에서 다른 여건을 고려해 적정한 용적률로 짓게 하기 위해서지만, 개발업자는 대지여건과 관계없이 규정된 최고 용적률을 목표로 한다.

10 도시계획적 조치에서 중요한 것은 세밀한 높이관리다. 서울 도심도 「청계천복원에 따른 도심부 발전계획」(2004) 등으로 높이관리를 하고 있으나, 기본적으로 허용된 높이가 90m로 너무 높은 데다 재개발을 하면 규정을 완화해주는 등 예외 조항도 많아 도심부 여건을 충실히 반영하지 못하고 있다.

07

업무공장지대를 만드는 서린구역 재개발

상 자 형 사 무 실 건 물 건 설 로 전 락 한 도 심 재 개 발

1973년 최초로 지구 지정이 실시된 이래[1] 서울의 도심재개발(지금은 도시환경정비사업이라 칭한다)[2]은 지난 40여 년간 서울의 도심을 물리적·경제적·사회적·문화적으로 대폭 변화시켜온 계획이자 사업이다. 지난 100년

---

[1] 1973년 소공, 도렴, 적선, 을지로1가, 서울역-서대문, 장교, 무교, 다동, 서린, 남창, 남대문로3가, 태평로2가 등 도심의 노른자위인 총 12개 구역이 최초로 도심재개발구역으로 지정되었다.

[2] 그동안에는 통상적으로 도심재개발이라고 칭했으나 관련 법규가 2002년 '도시 및 주거환경정비법'으로 명칭이 바뀌면서 도심재개발이라는 명칭도 도시환경정비사업으로 바뀌었다(주택재개발은 그대로 주택재개발이라고 지칭한다). 하지만 여기에서는 도심에서 일어나는 재개발을 주로 다루므로 도심재개발(사업)이라고 칭한다. 법적으로 구분해 지칭할 필요가 있을 경우에만 도시환경정비사업으로 부르기로 한다.

간 근현대 서울의 도시 변화에서 가장 영향력 있었던 도시계획사업을 선정한다면 아마도 일제강점기인 1912~1937년에 도로를 신설·확장하기 위해 시행되었던 시구개정사업과 1970년대 이래 실시된 도심재개발사업이라고 할 수 있을 것이다. 도심재개발사업은 기본계획－사업계획－건축계획·허가·준공으로 구성되는데, 이 중에서도 기본계획은 도심의 미래에 대한 우리 사회의 꿈이 담긴 청사진이라고 할 수 있다.

그러나 재개발사업이 상당 부분 완료된 일부 지역의 현황을 살펴보면 과연 우리의 꿈이 무엇이었는지, 과연 그 지역이 우리의 꿈을 실현했다고 할 수 있는지 의구심이 들 수밖에 없다. 따라서 심미적 측면은 둘째 치고 기능적 측면에서라도 도심재개발사업이 능동적으로 대응하고 있는지를 살펴볼 필요가 있다.

도심재개발사업은 궁극적으로 도심을 물리적·경제적·사회적·문화적으로 활성화해 시민들이 오고 싶고 머물고 싶은 장소로 만들어서 도심의 재생에 기여하는 것을 목표로 해야 한다. 그러나 현실의 도심재개발은 오직 대형 상자 형태의 사무실 건물만 양산하고 있다. 즉, 살고 싶은 삶터나 일터가 아닌, 화이트칼라들이 일하는 업무공장지대를 만들어내고 있는 셈이다. 서울에서 도심재개발사업이 거의 완료된 종로구 서린재개발구역을 한번 살펴보자.

건물만 있고 도시는 없는 서린재개발구역

도시는 조직이다. 길로 조직되기도 하고, 블록과 필지로 조직되기도 하며, 건물들을 통해 기능적·형태적으로 상호 조직되기도 한다. 조직은 서로 간의 관계와 연계를 의미하는데, 이는 도시의 기능을 원활하게 하는

▌서린재개발구역 배치평면도. 17-2지구는 동아일보 신사옥, 6지구는 SK빌딩, 12지구는 영풍빌딩이며, 4~5
지구는 재개발 미시행 지구다. 한편 2지구(청계일레븐빌딩), 17-1지구(구 동아일보 사옥), 18지구(광화문
우체국)는 존치지구다.

데 매우 중요하며 결과적으로 도시의 미관에도 중요한 의미를 가진다. 서
린재개발구역을 보면, 도시평면상으로는 녹지 가운데 건물과 도로가 조
직적으로 배치된 것처럼 보이지만 실제로는, 앞으로 살펴보겠지만, 건물,
녹지, 가로가 아무런 연관 없이 배치되어 있다. 이는 개별적인 대형 건물
을 중심으로 한, 극도로 건물 중심적인 배치다. 따라서 건물과 오픈 스페
이스가 어울려 친밀한 광장 또는 가로공간을 형성하는 식의 시너지 효과
는 기대할 수 없다. 그냥 건물이라는 것과 오픈 스페이스라는 것이 양적
으로 제공되어 있을 뿐, 서로 관계되지 않는다. 건물은 있되 도시는 없는
것이다.

자동차가 주인 행세하는 도심

서린구역에서 유일하게 고려한 관계와 연결은 바로 자동차와 건물 간
의 연결이다. 서린구역은 자동차가 매우 쉽게 건물의 현관으로, 건물 주위
에 도배하듯 만들어놓은 주차장으로, 또는 지하주차장으로 연결될 수 있

세워둔 차들로 뒤덮인 이면 접근도로. 새로 계획해 개발한 곳인데도 보행자는 설 곳이 없다.

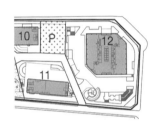

종각네거리 모서리에 위치한 영풍빌딩(12지구)(왼쪽)은 건물의 서쪽과 남쪽이 모두 주차공간으로 활용되고 있다. 오른쪽은 영풍빌딩의 남쪽 모습.

도록 고안되었다. 이곳에서는 길이 자동차가 편히 다니도록 만든 것 이상의 의미를 갖지 않는다. 또한 필요할 때 주차장이 되는 곳이기도 하다. 길이 쾌적한 공공공간으로서의 의미는 갖고 있지 않아 보행자가 설 곳은 어디에서도 찾을 수 없다.

접근하기 어려운 녹지

도심재개발에서 제공되는 공공용지는 대체로 도로, 주차장, 공원이다. 나아가 개별 건축대지에서는 공개공지라는 이름으로 일반 시민들이 사용

┃아무도 찾지 않는 공원(왼쪽). 녹지를 가장한 장애물들이 사람들의 시각적·물리적 접근을 막고 있다(오른쪽).

할 수 있는 녹지 또는 공간이 제공된다. 이러한 공공용지는 도심재개발구역 면적의 20% 내외를 차지한다. 그런데 공공용지의 위치나 형태, 주변과의 관계를 보면 전혀 사람들이 편하게 접근하거나 쉽게 사용하도록 설계되어 있지 않다. 많은 녹지는 평탄지인데도 일정 높이의 축대로 둘러싸여 있어 녹지 내로의 접근이 불가능할 뿐만 아니라 녹지 뒤의 다른 시설이나 공간으로의 시각적·기능적 연결을 차단하고 있다. 이처럼 녹지는 녹지를 가장한 접근차단용 시설이 되고 있다. 지가가 매우 높은 도심지에 많은 희생을 감수하며 만든 녹지가 효율적으로 사용되지 않는다면 이는 경제적으로 매우 손해이며, 나아가 도시의 미관이나 기능적인 측면에서도 큰 손실이다.

사막의 오아시스 같은 옛 흔적들

재개발구역 내에서 사람들이 쉽게 접근할 수 있어 유일하게 사람들이 많고 활성화된 공간은 아이러니컬하게도 재개발구역 내의 존치 건물 또는 아직 재개발이 시행되지 않은 건물들의 앞과 주변이다. 특히 각 건물은 청계천이 복원된 후 변화에 대응하는 측면에서 많은 차이를 보여준다. 존치

서린재개발구역 가운데 4~5지구는 재개발 미시행 지구이며, 2지구는 존치지구인 청계일레븐빌딩이다. 주변의 다른 지구는 건물이 개별적인 배치 및 건물 형태를 띠는 데 비해 2지구, 4~5지구는 연접한 건물 및 전면의 가로공간과 하나의 연결체를 형성한다.

건물 저층부가 가로에 직접 면해 쉽게 변신 가능한 존치 건물(2지구, 왼쪽)과 재개발구역 내의 가로 활성화에 기여하는 재개발 미시행 지구(4~5지구)의 건물(오른쪽).

되거나 재개발이 미시행된 건물은 사막과도 같이 메마른 화이트칼라의 사무실 건물 사이에서 오아시스처럼 사람들을 불러 모은다. 왜 그럴까?

이른바 재개발 대상으로 치부되던 존치 건물이나 재개발이 미시행된 건물이 가진 도시설계적 원리를 현장에서 발견하고 눈여겨볼 필요가 있다. 이 건물들은 건물과 가로가 매우 밀접한 관계를 가지도록 배치되었으며 저층부가 가로와 밀접한 관련을 맺고 있다. 그러나 재개발된 사무실 건물들은 길에서 후퇴해 보행 흐름과 관계없이 배치되어 있으며 저층부의

▌재개발된 건물의 지하상가로 들어가는 판잣집 형태의 입구.

형태와 용도도 가로와 관련이 없다. 재개발 건물에도 식당이나 소매점포가 입점해 있긴 하지만 하나같이 지하에 위치하며, 지하로 통하는 입구만 판잣집같이 지상에 돌출되어 있다. 상황이 이러하니 누가 밝은 길가의 점포를 놔두고 컴컴한 지하상가로 내려가겠는가?

사무실 건물의 저층부(특히 1층)가 좀 더 다르게 디자인되고 다른 용도로 설계되었더라면 가로를 활성화하고 보행을 즐겁게 하는 데 충분히 기여했을 것이다. 청계천 복원 등의 변화와 함께 청계천 남부(무교 및 다동지구)의 재개발된 건물들에서 서서히 변화가 일어나고 있기는 하지만 처음부터 재개발사업계획 및 건축계획이 잘못되었으므로 변화에 한계가 있을수밖에 없다.

기존 건물을 철거하고 재개발로 신축을 하더라도 기존의 건물이나 도시공간이 보유한 질서를 눈여겨보고 이를 존중해 재개발계획에 반영해야하는 이유가 바로 여기에서 잘 드러난다.

다양성을 상실한 다동구역 재개발

도심은 비즈니스 생태계다

흔히 생태계를 생물과 무기적 환경요인(토양, 빛, 물 등)이 종합된 복합체라고 보는데, 건강한 생태계는 이런 요인들이 상호 균형을 이룬다. 또한 균형 잡히고 안정된 생태계가 되기 위해서는 생물종의 다양성이 필수적인 요소다. 이와 유사한 개념으로, 상호작용하는 조직과 개인들(비즈니스 유기체)로 유지되는 경제 커뮤니티를 비즈니스 생태계라고 한다.[1] 도심도 오랜 세월을 거쳐 형성된 하나의 생태계로, 비즈니스 생태계에 해당한다. 자

---

[1] 비즈니스 생태계(business ecosystem)라는 개념은 제임스 무어(James Moore)가 1993년
    ≪하버드 비즈니스 리뷰(Harvard Business Review)≫ 5·6월호에 처음 사용했다. James
    F. Moore, *The Death of Competition: Leadership & Strategy in the Age of
    Business Ecosystems*(New York: Harper Business, 1996), p. 26.

연 생태계에 우세종이 있다면 도시의 비즈니스 생태계에는 중심적 용도 또는 회사가 있으며 이들은 생태계 커뮤니티를 선도하는 역할을 한다. 물론 이러한 중심적 용도는 시대와 환경에 따라 변화할 수 있다.

서울에서 시행되는 도심재개발은 전형적인 기능주의 도시계획 개념을 바탕으로 하는데, 이 개념의 핵심은 기능을 분리하는 것이다. 이에 따라 주거와 상업, 산업, 그리고 녹지 등이 상호 거리를 두고 분리되는 이른바 지역제(zoning)를 수단으로 삼는다. 이 같은 개념을 바탕으로 1970년대 이후 서울 도심에서 실시된 도심재개발은 수십 년 또는 수백 년 이어온 비즈니스 생태계를 파괴해서 기능적으로 분리하는 작업을 자행해왔다. 그 결과 다양성은 사라지고 업무라는 단일기능 중심의 순수하고 깨끗한 도심이 작품으로 탄생했다.

하지만 이러한 도심은 비즈니스 생태계라는 관점에서 볼 때 생명력과 지속가능성이 매우 낮은 유기체다. 일부 건물은 지하에 상가를 배치함으로써 업무 단일기능에서 탈피한 생태계를 형성하려 시도했으나, 주변의 다른 건물이나 가로와 관계를 맺지 못하고 지하에 섬과 같이 고립되어 불완전하고 단절된 생태계로 기능하고 있다.

도시는 작품이 아니다

이 같은 도시계획 구상은 일조나 채광, 통풍이 원활하고 고층의 건물들이 서로 관계없이 멀찍이 떨어져 있는, 위생적이고 기능적인 도시의 모습을 바탕으로 하고 있다. 이는 도시를 마치 건물들을 만드는 작업으로 인식하고 이에 따라 도시를 건축가의 작품으로 보는 시각에 기반을 두고 있다. 20세기 초기부터 많은 건축가들이 도시 문제에 주목하고 여기에 대한 해결책을 제시했으나 결국 그림으로 그치고 말았다. 도시는 어느 한 작가의 작품이 아니다.

도시를 작품으로 보는 시각에 동의하지는 않지만, 혹시라도 도시를 작품으로 본다면 도시는 사회의 작품이자 세월의 작품이다. 그리고 도시는 그렇게 순수하지도, 위생적으로 그렇게 완벽하지도 않다.

변화하는 다동의 생태계

다동(茶洞)이라는 지명은 조선시대에 이곳에 다도와 차례를 주관하던 사옹원(司饔院)에 속한 다방(茶房)이 있었던 데서 유래되었다.[2] 다동은 근대기를 거치며 점진적으로 변화해 1970년대에는 요식업(유흥음식)을 중심으로 주거, 점포, 업무, 숙박 등이 유사한 비율로 섞여 도심 속에 용도가 혼합된 전형적인 지역이 되었다.[3] 1973년 발표된 기초조사보고서에 따르면 재개발계획에서도 이를 염두에 두어 용도기능배분계획에서 요식(28.7%), 상업(20.4%), 업무(22.4%)를 기반으로 호텔(4.7%), 오락(8.7%) 등 다양한 용도가 혼합되도록 구상했다.[4]

그러나 1973년 재개발구역 지정 후 실제로 재개발이 진행됨에 따라 이 같은 용도의 혼합과 다양성은 점점 사라지기 시작했다. 〈표 8-1〉에 제시된 1982~1984년과 2003년의 다동구역 용도를 비교하면 2003년에도 여전

2   서울시사편찬위원회, 『서울지명사전』, http://culture.seoul.go.kr.

3   서울특별시, 「소공/무교지구 재개발계획 및 조사설계: 다동지구」(서울: 서울특별시, 1971). 유재형, 「서울 다동의 도심재개발사업으로 인한 건축물 용도 변화특성」(서울시립대학교 대학원 석사학위논문, 2007), 42쪽 재인용.

4   서울특별시, 「무교 및 다동지구 재개발사업 기초조사」(서울: 서울특별시, 1973). 유재형, 「서울 다동의 도심재개발사업으로 인한 건축물 용도 변화특성」, 53쪽 재인용.

표 8-1. 다동구역의 주요 용도별 바닥면적 비율

	1971년(현황)	1973년(계획)	1982~1984년(현황)	2003년(현황)
주거	13.7%	4.8%	4.0%	0.3%
숙박	7.8%	4.7%(호텔)	6.9%	1.2%
일반업무	7.4%	22.4%(업무)	8.2%	38%
음식점	56.7%(요식)	28.7%(요식)	55.6%	48%
소비재	9.6%(점포)	20.4%(상업)	11%	1.3%(유통, 판매)
위락	-	8.7%(오락)	8%	9.2%
기타	4.8%	10.3%(주차, 공급시설)	6.3%	2%
합계	100%	100%	100%	100%

주: 연도별 출처는 다음과 같다.
- 1971년: 서울특별시, 「소공/무교지구 재개발계획 및 조사설계: 다동지구」.
- 1973년: 서울특별시, 「무교 및 다동지구 재개발사업 기초조사」.
- 1982~1984년: 서울특별시, 「청계천복원에 따른 도심부발전계획: 도심부 토지이용 및 경관변화」.
- 2003년: 서울특별시, 「청계천복원에 따른 도심부발전계획: 도심부 토지이용 및 경관변화」.
자료: 유재형, 「서울 다동의 도심재개발사업으로 인한 건축물 용도 변화특성」, 42, 47, 51, 53쪽 재인용.

히 음식점(위락시설 포함)이 주를 이루지만 그 외에는 업무시설로 단일화
된 모습을 보여준다. 그나마 음식점이나 위락시설도 대부분 재개발 미시
행 지구에 위치하고 있어 향후 재개발이 완전히 진행될 경우 더욱더 업무
용도로 단일화될 전망이다.

1980년대와 2000년대의 용도별 현황 도면을 보면 북쪽 청계로와 동쪽
남대문로 변에 재개발이 진행됨에 따라 용도의 단순화는 물론 도시조직의
단순화도 극명하게 드러나고 있다. 비즈니스 생태계가 업무 중심으로 변
한다는 사실을 한눈에 볼 수 있는 것이다.

어떤 지역의 주된 용도는 시간에 따라 또는 사회의 필요에 따라 변할
수 있지만 중요한 점은 주된 용도를 지원하는 다양한 시설이 가까이 위치
하며 새로운 하나의 비즈니스 생태계를 형성해나가느냐 하는 것이다. 다
동구역은 현재 재개발이 완성되지 않은 곳으로, 슈퍼블록(대가구)[5] 내부의

▌재개발 후의 서린동(사진 왼쪽)과 다동구역(사진 오른쪽).

미시행된 블록들에 이 지역의 주 용도를 지원하는 시설이 많아서 지금까지는 어느 정도 생태적 균형을 이루고 있다. 향후 내부까지 모두 재개발되면 이런 생태적 균형이 어떻게 변화할지는 미리 단언할 수 없으나 지금까지의 관행을 보면 전망은 비관적일 수밖에 없다.

가로의 활력은 다양성에서 비롯된다

루엘린 데이비스(Llewellyn Davis)는 공공공간의 활력에 기여하는 정도

---

5   가구(街區, block)란 길로 둘러싸인 일정의 토지구획을 말한다. 예전에는 가구의 크기가 100m 내외 × 30m 내외 정도로 작았으나(우리나라 주거지의 경우 20~40m × 80~120m 정도) 자동차(마차) 시대가 도래한 이후 도로에 위계가 생기면서 기존의 작은 가구를 여러 개 포함하는 대가구(大街區, super block)가 나타났다.

 안의 텍스트:
청계로
① ② ⑩ ⑯ ⑪ ⑫ ⑰ ⑤ ⑥ ⑬ ⑱ ⑦ ⑧ ⑭ ⑮ ⑲ ⑨
남대문로

주거　　　음식점　　　숙박시설　　　위락시설

소비재(유통, 판매)　　　일반업무　　　기타시설

▌1980년대 다동구역의 1층 용도별 현황. 굵은 선은 재개발기본계획에 따른 도로선 및 필지경계선이다(번호
는 재개발지구번호).
자료: 유재형, 「서울 다동의 도심재개발사업으로 인한 건축물 용도 변화특성」, 48쪽; 서울특별시, 『서울
도심부 발전계획 도심부 토지이용 및 경관변화』를 수정 보완.

를 평가하는 잣대로 일정 구간 내 가로에 면하며 가로와 직접 관계를 갖는
건물 전면의 수를 도입했다. 가로구간 100m 이내에 건물이 16동 이상이
면 A등급, 11~15동이면 B등급, 6~10동이면 C등급, 3~5동이면 D등급, 그
리고 1~2동이면 E등급으로 구분했다.[6] 이는 일정 거리 가로구간 내에 건

6　　매슈 카모나 외, 『도시설계: 장소 만들기의 여섯 차원』, 강홍빈 외 옮김(서울: 도서출판

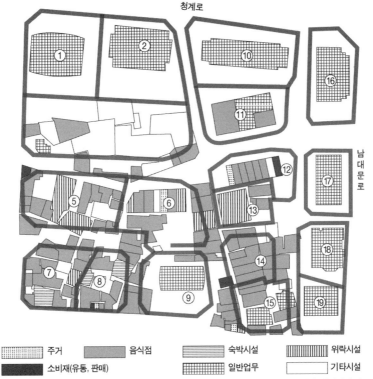

청계로

남대문로

| | 주거 | | 음식점 | | 숙박시설 | | 위락시설 |
| 소비재(유통, 판매) | | 일반업무 | | 기타시설 | |

▌2000년대 다동구역의 1층 용도별 현황. 북쪽 청계로 변 및 동쪽 남대문로 변에 재개발이 진행되어 사무실 건물이 입지했다.

자료: 유재형, 「서울 다동의 도심재개발사업으로 인한 건축물 용도 변화특성」, 52쪽; 서울특별시, 『서울 도심부 발전계획 도심부 토지이용 및 경관변화』를 수정 보완.

물이나 필지의 수, 그리고 이에 따라 형성되는 가로경관 및 용도의 다양성이 가로공간의 활력과 밀접한 관련이 있음을 보여준다.

이 평가 방식에 따르면 다동지구는 재개발 이전에는 A등급이었으나 이미 재개발이 완료된 청계로 변이나 남대문로 변은 E등급으로, 가로공간

대가, 2009), 313쪽.

다동구역 북쪽 청계로 변. 깨끗하게 정리되긴 했으나 사람의 왕래가 없는 황량한 가로공간이 되었다.

의 활력등급이 현격히 낮아졌다. 실제로 다동에 면한 남대문로나 청계로는 보행자가 거의 없고 활력도 없다.

　가로와 밀접한 관계를 갖던 건물들 및 건물의 다양한 용도는 사라지고 사무실 건물만 50~100m씩 가로를 향해 줄줄이 늘어서 있으니 가로에는 적막감만 감돌 수밖에 없다. 이 같은 무감각한 환경은 단순히 이곳에 직장을 두고 있어서 매일 오가는 사람들에게만 매력 없는 공간이 되는 것이 아니라 다른 시민들에게도 결국 부정적인 영향을 미친다. 왜냐하면 도심은 모든 시민에게 열려 있는 곳이기 때문이다.

　공공영역을 생동감 있게 만들고 잘 활용하는 또 하나의 방법은 다양한 시간대에 걸쳐 다양한 용도와 활동을 가로공간에 집중시키는 것이다.[7] 우리나라의 도심재개발은 도심의 밀도를 기존보다 훨씬 높이기는 했지만 단일 용도(업무용도)를 특정 시간대(주간 시간대)에만 집중시켰다. 이에 따라 낮에는 사람들이 일하느라 공공공간이 비게 되었으며, 점심때는 반짝 활

---

7 ·　같은 책, 322쪽.

다동구역 청계로 변 한국관광 공사의 저층에 입점한 떡집과 카페. 한국관광공사 건물도 재개발되어 신축된 건물이다.

력이 생기지만 밤만 되면 다시 퇴근하거나 주변의 매력 있는 다른 지역으로 사람들이 빠져나가(다른 지역이란 아이러니컬하게도 대체로 재개발되지 않은 곳이다) 재개발된 지역은 을씨년스럽고 무섭기까지 하다.

대규모 사옥형 건물들은 지하에 상업시설을 배치하기도 하지만 이런 시설은 사무실 건물 내의 사람들에게조차 외면당하고 있다. 생각해보라. 누가 오전 내내 사무실에 앉아 있다가 점심 때 또 그 건물 지하에 가서 밥을 먹고 싶겠는가? 잠시라도 건물 밖으로 나와 움직이고 햇빛도 즐기고 사람들과 어울리면서 특색 있는 식사를 하고 싶지 않겠는가? 저녁에는 또 어떤가? 이런 업무공장 같은 사무실 건물 지하에서 친구들과 만나고 싶은 사람이 어디 있겠는가? 퇴근 후 길가를 어슬렁거리며 음식점이나 술집을 찾는 것도 즐거움 중의 하나인데 누가 바로 자기 회사 건물의 지하로 직행하겠는가? 너무나 기계적이지 않은가? 재개발지구의 외부 공간이 아무리 잘 만들어졌어도 저녁이면 아무도 없는 이유는 너무나 분명하다. 바로 다양성이 없기 때문이다. 특히 가로변의 건물 형태나 용도가 다양하지 않은 것이 결정적인 원인이다.

　　외부 방문객에게는 사무실 건물 지하에 숨어 있는 상업시설의 용도가 더욱 생소하다. 눈에 띄지 않아 발견하기도 어렵고 도심의 장점인 보는 맛 또는 보여주는 맛도 느낄 수 없기 때문이다. 도심은 단순히 그곳에서 일하는 사람들만의 것이 아니라 시민 모두에게 여가나 사회적 교류 등을 위해 중요한 장소이기 때문에 외부 방문객을 소외시킨다는 사실을 더욱 심각하게 인식해야 한다. 요즘 서울 도심이 공공 외부 공간의 환경을 개선함에 따라 사무실 건물 지하의 상업시설들은 더 큰 위기를 맞고 있다. 1층에 위치한 상업시설들이 개선된 공공공간과 하나로 어우러지는 스트리트 카페 등으로 각광을 받고 있기 때문이다.

다양성이 높으면 지속가능성도 높다

다양성은 도심지 내 일정 지구의 지속가능성에도 큰 영향을 미친다. 여기서의 지속가능성이란 물리적 측면뿐 아니라 사회적·경제적 측면까지 포괄하는 개념이다. 지속가능한 도시설계에 대한 다양한 주장을 정리한 매슈 카모나(Matthew Carmona)는 다양성과 선택가능성을 지속가능한 도시설계의 중요한 요소 중 하나로 꼽으면서, 건물 차원에서는 건물 내 용도가 혼합되어야 하고, 건물들 간에서는 건축 유형이나 연도, 소유 형태가 혼합되어야 하며, 외부 공간에서는 가로를 따라가며 용도가 혼합되어야 한다고 제안한다. 또한 지구 차원에서는 지구 내 용도의 혼합을 장려하고, 소규모 블록으로 촘촘한 가로 네트워크를 만들며, 편의 및 서비스 시설을 지역에 분산 제공해야 한다고 주장한다.[8] 지속가능한 도시지구에 대한 이같은 카모나의 생각은 도시가로와 지구에 풍부한 다양성을 만들어내기 위해 제인 제이컵스(Jane Jacobs)가 제안한 네 가지 조건, 즉 첫째, 지구 내부는 두 가지 이상의 주요 기능을 가질 것, 둘째, 블록의 크기가 작아서 길모퉁이가 많을 것, 셋째, 오래된 건물이나 연대가 다른 건물들이 지구에 섞여 있을 것, 넷째, 적절한 수준 이상의 밀도가 유지될 것이라는 조건과 비슷하다.[9]

이런 주장에 귀를 기울이다 보면 우리가 도심을 현대화하기 위해 시행하는 도심재개발이라는 것이 얼마나 큰 실수를 범하고 있는지 깨달으면서 아쉬움과 두려움에 떨게 된다. 다양한 기능을 지닌 건물들, 골목마다 모퉁

---

8   같은 책, 91~95쪽의 표 3.1~3.3에서 발췌 정리.

9   제인 제이컵스, 『미국 대도시의 죽음과 삶』, 유강은 옮김(서울: 그린비출판사, 2010), 210쪽.

이마다 있던 가게들, 다양한 시대에 지어진 건물들과 다양한 크기의 건물 내 공간들, 밀도 높은 건물 배치 등 귀중한 자산을 기능의 상충, 차가 못 들어가는 너무 좁은 골목이나 블록, 오래되어 낡은 집들, 과밀한 지구 등으로 폄하하며 헐어버리기에 급급한 건 아니었는지 반성하게 된다.

결국 경쟁을 가장 중요한 가치로 여기면서 서로 질세라 기존의 조직을 헐어내고 높은 건물을 짓는 것으로는 지속가능한 도심 지구를 만들 수 없다. 오히려 소모적인 경쟁에서 벗어나 다양한 기능이 상생할 수 있는 가능성을 여는 것이 더욱 가치 있는 일이다. 이는 도심을 비즈니스 생태계의 개념으로 파악해야 하는 이유이기도 하다. 카모나에 따르면 환경적으로 책임을 다할 수 있는 도시를 설계하기 위한 가장 우선적인 원칙은 미래에 선택할 수 있는 여지를 남겨두는 것이다.[10]

서울에서는 도심재개발이 많이 진행되긴 했지만 지금이라도 늦지 않았다. 다동의 경우 지금까지 진행된 간선도로 변의 대규모 고층 사무실 건물과 재개발구역 내부의 저층이 보유한 다양한 지원기능을 활용해 비즈니스 에코 시스템을 구축해야 한다. 또한 슈퍼블록의 주 가로변에 면한 필지나 블록과 슈퍼블록 내부의 필지나 블록을 구별해 규모나 형태, 용도 등을 구상한다면 재개발을 하면서도 다양성을 유지할 수 있을 것이다.

---

10   매슈 카모나 외, 『도시설계』, 90쪽.

09

역사조직에 재개발 알박기, 익선구역 재개발

무너지는 재개발 마지노선

종로의 북쪽에 면한 청진구역, 공평구역 등을 대규모로 재개발구역으로 지정한 것은 역사도시 서울의 심장부를 도려내는 것 같은 무리한 조치로서 안타까움을 금할 수 없는 사건이다. 실제로 2011년부터 본격적으로 시작된 청진재개발구역의 철거작업에서 드러나듯이 재개발은 피맛길이나 해장국골목 등 특성 가로를 훼손했으며, 기존 골목길 중심의 도시조직 및 그 하부에 매장된 유산의 발굴과 처리 등 도심의 역사성을 보전하는 요구와 갈등을 일으키고 있다.

이런 점을 고려해 종로 이북에서는 피맛길을 재현하려는 지침이 만들어지기도 했으나¹ 많은 사람들이 그 결과물에 실망하고 있다. 2010년 수립된 도시환경정비기본계획에서는 이미 재개발구역으로 지정된 청진구

피맛길을 재현하려 했으나 어두컴컴한 터널이 되어버린 종로 청진6재개발지구(르메이에르빌딩).

역과 공평구역은 어쩔 수 없더라도 재개발구역의 북쪽 경계(삼봉로-인사동5길-돈화문로11길) 너머는 종로 북쪽 지역의 이 같은 역사적 의미를 고려해 가능한 한 재개발예정구역 지정을 유보하고 있다. 이는 그동안 도심재개발 정책의 암묵적인 원칙이었다. 나아가 탑골공원(파고다공원) 동쪽, 즉 동대문까지 종로에 면한 블록들 역시 대체로 수복형 정비를 하도록 유도하고 있다.

그러나 그동안 방만하게 운영되어온 도심재개발예정구역으로 인해 이러한 원칙이 훼손되고 있다. 도심 내 종로 북쪽의 재개발 마지노선이 무너진 것이다. 세종문화회관 뒤편의 도렴구역(주상복합건물 경희궁의 아침 등)과 적선구역, 사직구역, 경복궁 동십자각 앞의 중학2구역(구 한국일보사

---

1   지침의 내용은 재개발로 피맛길은 철거되었지만 그 기억을 되살릴 수 있는 도시조직을 만든다는 것이었다.

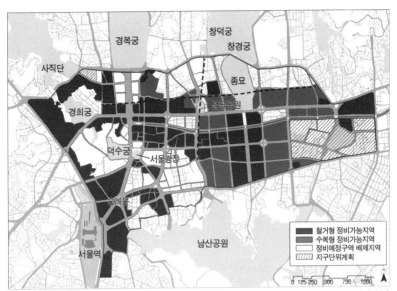

■ 종로 북측 블록의 위쪽(가로 점선의 윗부분)은 정비예정구역에서 배제되거나 수복형 정비로 구상되어 있
다. 탑골공원 동쪽(세로 점선 오른쪽)도 주로 수복형 정비로 구상되어 있다.
자료: 서울특별시, 「2020년 목표 서울특별시 도시환경정비기본계획: 본보고서」, 64쪽.

등), 그리고 돈화문로에 면한 익선재개발구역이 이러한 지역에 해당된다.
지난 시절 과도한 개발 의욕과 실수로 인해 역사적으로 중요한 곳을 재개
발구역으로 지정함으로써 스스로 역사적 도시조직을 파괴했으며, 이로 인
해 이들 지역은 주변의 수복재개발구역이나 재개발배제지역과도 조화로
운 관계를 맺기 어려워졌다. 이런 곳들은 종로 북쪽의 역사성이 높은 궁궐
이나 가로와 연접하거나 근접해 있어 이 지역들이 재개발된다면 역사적
유적이나 조직에 미치는 부정적인 영향이 매우 심각할 것이다.

역사조직에 철거재개발 알박기

돈화문로에 면한 익선재개발구역은 앞서 설명한 바 있는 암묵적으로

┃청진구역 철거로 드러나는 지하 역사유적들. 청진 12~16지구.

약속된 도심재개발 배제지역 정책원칙이 오히려 거꾸로 적용되어 많은 사
람들의 우려를 자아내고 있다. 종로3가 북쪽 변은 개발 압력이 어느 정도
인정됨에도 피맛길이나 오래된 도시조직을 보전하기 위해 수복형 정비로
예정되어 있는 데 비해 그보다 더 북쪽인, 역사적 조직의 깊숙한 곳에 위
치한 익선구역은 오히려 철거재개발이 예정되어 있어 흔히 이야기하는 스
폿 조닝(spot zoning)[2]의 전형적인 형태를 띠고 있다. 일반적인 시가지에서
도 스폿 조닝은 나홀로 아파트처럼 주변에 일조나 조망을 차단하면서 부

---

2   대체로 동질적인 성격을 갖는 일정 구역 내에 합리적인 근거 없이 하나의 작은 지구를
     다른 용도지역으로 지정하는 것을 뜻한다. 이때 다른 용도지역은 대체로 더 높은 위계의
     용도지역으로 지정되는데, 주거지역 내에 느닷없이 작은 지구가 상업지역으로 지정되는
     것과 같은 경우를 들 수 있다.

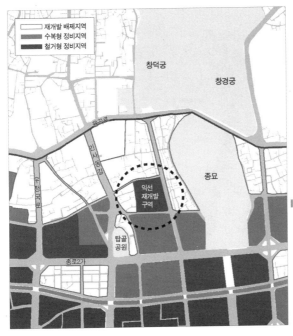

스폿 조닝된 익선재개발구
역(점선 내, 철거재개발).
주변은 모두 재개발 배제
지역이거나 수복형 정비지
역이다.
자료: 서울특별시, 「2020년
목표 서울특별시 도시환경
정비기본계획: 본보고서」,
64쪽을 바탕으로 작성.

정적인 영향을 미치고 스카이라인에서도 조화를 이루지 못하므로 피해야 하는 방식이다. 또한 유사한 위치의 다른 시가지와 비교할 때 특혜로 비칠 수 있어 형평성에서도 문제를 안고 있다.

주택재개발구역에서는 '알박기'라는 용어가 자주 사용된다. 알박기란 재개발예정구역 내의 땅이나 주택 일부를 사들여 재개발에 동의하지 않고 해당 토지의 매각을 거부하면서 끝까지 버텨 시중가의 여러 배의 가격을 요구하는 행위다. 알박기는 의도적으로 부당한 이득을 챙기기 위한 행위다.

이런 의미에서 볼 때 익선재개발구역 지정은 역(逆)알박기라 할 수 있다. 역알박기란 재개발되어서는 안 되는 곳이 주변과는 관계없이 해당 구

북화문로 익선재개발구역과 주변의 도시조직. 한옥 등 작은 그레인 패턴(grain pattern)이 모인 지역에 공룡같이 큰 재개발 대지가 마련되고 큰 건물이 들어설 것으로 예상되어 주변과 부조화를 이루고 돈화문로의 역사성에 악영향을 미칠 것으로 예상된다.

역의 토지만 재개발구역으로 지정받아 고수익을 얻으려는 것으로, 공익에 역행하는 행위라고 할 수 있다. 이런 황당한 결과가 빚어진 이유는 무엇보다도 도시환경정비기본계획에서 이 구역이 철거재개발과 수복재개발 가운데 하나를 선택할 수 있는 예정지역으로 지정되었기 때문이다. 그러나

이 구역의 역사성을 고려한다면 이곳의 철거재개발은 도시계획위원회의 심의 등을 통해 수복재개발이나 재개발 배제지역으로 유도되었어야 했다. 익선지구는 역사적 도심지를 개발 중심적으로 인식하는 데서 비롯된 부정적인 사례의 하나로, 앞으로 역사적 성격을 지닌 도심지를 정비하는 데 중요한 교훈을 주는 사례다. 다행히 2010년에 수립된 도시환경정비기본계획을 통해 역사적으로 중요한 도심의 많은 구역을 재개발구역 지정에서 배제하거나 철거재개발이 아닌 수복재개발 중심으로 바꾸는 데 성공했지만, 익선재개발구역을 해제하는 데에는 이르지 못해 이는 향후 과제로 남아 있다.

┃ 익선구역 내에는 돈화문로를 따라 양 옆으로 잘 보존된 피맛길이 지나고 있으며, 물길도 원형대로 보존되어 있다. 재개발로 인해 이 같은 중요한 역사조직이 모두 위협받고 있다.

도심 유일의 온전한 역사적 도시조직

익선구역 재개발은 주변의 작고 유기적인 도시조직과의 부조화를 초래할 뿐만 아니라 도심에서 유일하게 온전히 남아 있는 돈화문로 이면의 피맛길과 물길을 훼손하는 문제를 안고 있다. 구역 내부의 건물들도 대부분 한옥이라서 이곳은 여러 측면에서 보전할 만한 가치가 높은 구역이다. 이 때문에 이곳을 섬과 같이 고립된 스폿 조닝식의 철거재개발구역으로 지정한 데 따른 무리함과 문제점이 더욱 두드러진다.

▌익선재개발구역 내부의 한옥과 골목.

경복궁과 창덕궁 사이에 위치한 북촌은 역사적으로 중요한 주거지로, 수준 높은 한옥과 도시형 한옥이 분포되어 있어 장소성 및 고유한 역사적·건축적 가치를 인정받아 잘 알려진 바와 같이 보전하려는 노력을 크게 기울이고 있는 곳이다(역사문화미관지구로 지정). 그렇다면 북촌의 바로 남쪽에 위치한 창덕궁 앞 돈화문로 변의 권농동, 익선동, 봉익동은 어떠한 곳인가? 이곳들은 오랫동안 정궁으로 사용되었던 창덕궁 돈화문 앞의 돈화문로라는 상징적인 가로축에 면해 있으면서 동쪽으로는 종묘, 서쪽으로는 운현궁과 역사문화지구인 인사동 사이에 위치해 있어 역사와 입지 면에서 세심한 관리가 필요한 지역이다. 앞에서 언급한 바와 같이 종로에 면한 재개발구역인 청진구역과 공평구역의 북쪽 경계를 이루는 삼봉로-인사동5길-돈화문로11길은 이러한 점을 고려할 때 재개발이 가능한 마지노선이다. 그리하여 청진구역, 공평구역의 북쪽 지구는 인사동지구단위계획·문

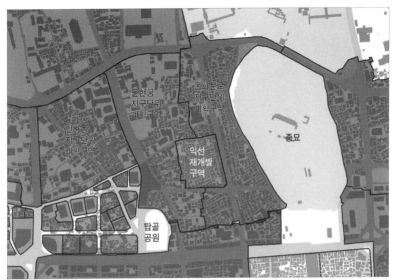

| 왼쪽에서부터 인사동지구단위계획구역, 운현궁지구단위계획구역, 돈화문로지구단위계획구역 등 역사보존적 도시관리계획이 적용되고 있는 가운데 철거형 익선재개발구역이 알박기처럼 지정되어 있다.

화지구계획, 율곡로지구단위계획, 돈화문로지구단위계획 등을 통해 대규모 철거재개발이 아닌 역사성 있는 기존 조직을 바탕으로 한 소규모 관리에 역점을 두고 있다.

주 변 지 역 과 의 공 조

돈화문로 변은 1980년대부터 율곡로·대학로 도시설계[3]로 관리되어왔기 때문에 5층 이하의 건물들이 정연하게 들어서 있으며, 뒤로는 피맛길을 통해 구분되는 독특한 가구형태를 지닌다. 최근 종로 변의 공평구역과

---

3   현재는 대학로지구, 돈화문로지구, 율곡로지구, 인사동지구, 운현궁지구 등으로 나뉘어 각각 별도의 지구단위계획으로 관리된다.

┃ 돈화문로 가로경관. 건물이 5층 이내로 관리되어 통일적인 느낌을 준다. 멀리 보이는 것이 돈화문이다.

청진구역이 재개발됨에 따라 피맛길이 거의 사라질 위기에 처한 데 비해 돈화문로 변의 피맛길은 일정 구간 거의 완벽하게 유지되어 있어 중요한 역사적 도시조직이라 할 수 있다. 돈화문로 이면부에는 이러한 가로망 조직과 함께 한옥이 아직 많이 남아 있어 도심부에서 독특한 지구경관을 형성하고 있다. 특히 재개발구역으로 지정된 익선지구는 거의 대부분 한옥으로 들어차 있는 곳이다.

한편 인사동에 방문객이 넘쳐나고 상업화되고 있는 것을 고려해 종묘 좌측 옆 권농동 등 한옥이 아직 남아 있는 지역을 좀 더 진정성 있고 분위기 있는 장소로 만들려는 구상이 제기되고 있다. 그러나 만일 익선동이 재개발되어 주상복합건물들이 들어선다면 인사동과 권농동 사이의 연결은 끊어질 것이며, 돈화문로지구 전체의 이미지에 매우 부정적인 영향을 미칠 게 분명하다. 익선구역의 한옥은 1930년대에 집장사들이 건축한 것

돈화문로 주변의 역사적 도시
조직과 대비를 이루는 익선재
개발구역 계획구상. 남북으로
긴 검은 선이 돈화문로지구단
위계획구역의 원래 경계였으
나 이 구역 중 일부를 익선재개
발구역에 포함시킴으로써 역
사 특성을 보존하는 지구단위
계획보다 개발 중심적인 철거
재개발에 우선순위를 두었다.

으로, 대규모 필지를 민간이 구획정리해 만든 주거지이자 도심부에 유일
하게 대규모로 남아 있는 도시형 한옥 주거지다. 최근에는 한옥의 가치가
새로이 인식되고 있어 과연 익선동의 한옥을 모두 철거하고 도심재개발
을 시행해 주상복합건물을 짓는 것이 지구특성 보존이라는 측면에서 볼
때 타당한지 의구심을 갖는 사람들이 늘고 있다. 나아가 도시의 다양성을
추구하는 도시계획의 측면에서나 관광객 증가를 목표로 하는 경제적 측
면에서도 타당한지 의문이 제기되고 있다. 이 같은 우려와 생각은 합리적
인 접근으로 보인다. 앞으로 공개적인 논의를 통해 이 지구의 재개발구역

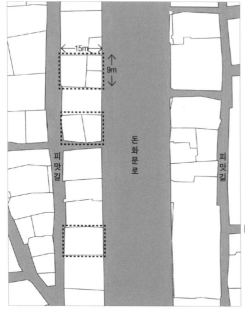

돈화문로 변 블록 내 필지. 폭 9m, 깊이 15m인 세장형 필지가 기본을 이룬다. 이들은 세월의 요구에 따라 분필되기도 하고 합필되기도 했지만 기본적인 모듈로 인해 연속적이면서도 리듬 있는 가로경관을 형성한다.

지정을 해제하고 한옥을 더욱 잘 가꿈으로써 동네 이미지뿐 아니라 도심의 그리고 서울의 다양성 및 경제성에도 의미 있는 결과를 만들어갈 필요가 있다.

익선재개발구역의 지정에서 살펴본 바와 같이 스폿 조닝은 주변 지역에 미치는 부정적인 영향이 큰 데다 지정의 근거가 분명하지 않으면 특정한 구역(대지)에 대한 특혜 시비가 붙을 수 있어 도시계획 전문서에서도 부적절하다고 지적하는 사안이다.

도시평면의 중요성

건축 및 도시계획 전문가들은 우리나라의 도시에는 딱히 맥락이 없다고 비판한다. 물론 유럽의 여러 나라처럼 건물의 높이나 배치, 그리고 파

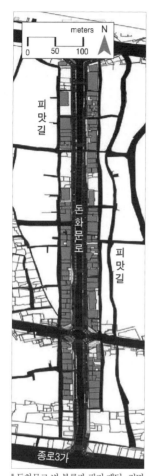

사드 형태 등 건축적 맥락이 약한 것은 사실이다. 그러나 잘 들여다보면 도시적 맥락은 매우 분명히 읽힌다. 이는 건축을 위한 대지의 크기나 형태, 그리고 이들의 집합인 블록의 형태로 드러난다. 이러한 대지 또는 블록 및 가로의 형태를 흔히 그레인 패턴(grain pattern)이라고 부르는데, 패턴이라는 용어 자체가 맥락의 의미를 포함한다. 따라서 우리나라의 도시에서 역사성과 도시공간의 지속성을 논의할 때에는 도시평면을 연구하고 고려하는 일이 매우 중요하다.

전면의 넓은 길과 이면의 좁은 피맛길로 구성된 얇은 블록(횡장방형 블록이라 칭한다)[4]은 서울 도심의 도시평면이 지닌 특징적인 패턴을 보여주는 형태다. 한편 피맛길 뒤의 필지들이 물길 및 골목과 대응하며 만든 지구는 전면의 횡장방형 블록과는 다른 유기적인 도시평면을 보이면서 다른 맥락을 암시한다. 이러한 도시평면으로 형성되는 맥락을 고려하지 않고 현대적인 요구만 고려해 대규모 필지

돈화문로 변 블록과 필지 패턴. 전면의 넓은 돈화문로와 이면의 좁은 피맛길이 얇은 횡장방형 블록을 만들어낸다. 블록의 깊이는 대체로 15m이며, 블록의 폭은 골목의 위치로 결정되는데 대체로 100m 내외다.

---

4   이에 대해서는 다음을 참조. 심경미·김기호, 「시전행랑의 건설로 형성된 종로 변 도시조직의 특성」, ≪도시설계≫, 10권 4호(2009), 21~36쪽.

나 블록을 개발한다면 서울 도심의 역사성과 공간 환경의 시간적 깊이는 많이 손상될 것이다. 더구나 이처럼 가치 있는 도시평면이 공공이 지정한 재개발로 인해 훼손된다면 이는 공공권력을 부적절하게 사용하는 사례가 될 것이다.

돈화문로지구는 도시조직의 패턴이 분명한 데다 이를 기반으로 하는 건축적 패턴까지 드러나는 곳으로, 이러한 맥락을 존중하면서 새로운 건축을 하는 것이 도시설계와 건축의 과제다. 익선구역 재개발과 같은 대규모 신축은 이 같은 세심한 설계와는 거리가 멀어 역사적 도시조직의 맥락을 무시할 뿐 아니라 이를 바탕으로 한 새로운 건축적 패턴의 생성도 아예 봉쇄해버린다.

3부

도시설계를 통한 도시재생

도시재생은 단순히 물리적 환경 개선을 넘어 사회적인 측면이나 경제적인 측면까지 포함하는 개념이다. 특히 그곳에 살거나 방문하는 사람을 포함하고 그 지역의 문화를 존중하는 문화적 도시재생이 큰 화두다. 도시재생에 이처럼 다양한 의미가 포함되긴 하지만, 물리적 도시재생은 도시재생의 첫걸음으로서 중요한 위치를 차지하기 때문에 이를 배제한 도시재생은 상상하기 어렵다. 물리적 도시재생은 해당 지역에 사는 사람들의 삶의 질을 높이는 것은 물론 방문자나 투자자에게 좋은 이미지를 주어 활발하고 역동적인 지역을 만드는 데 큰 역할을 담당한다.

도시설계는 좋은 장소를 만드는 것을 주요 목표로 삼는다. 여기서의 좋은 장소란 단순한 물리적 공간을 넘어 사람의 활동과 이야기가 담긴 곳을 만드는 작업을 의미한다. 도시를 재생하기 위한 첫걸음이 물리적 환경을 개선하는 것이라면 장소를 만드는 것을 목표로 하는 도시설계는 도시재생에 매우 적합하고 기대되는 작업이다.

도시의 아름다움은 앙상블

도시를 디자인하는 이유

도시는 아주 다양한 주체가 형태를 만들고 공간을 사용한다는 점에서 건축과 크게 다르다.[1] 이 점은 건축물이 아무리 거대해져서 겉으로 보기에는 여러 개의 건물이 들어차 있는 도시같이 보이더라도 결국 건축은 건축일 뿐, 도시는 아니라는 주장을 가능하게 한다.[2]

그러기에 원래 '함께, 동시에'라는 뜻을 가진 앙상블(ensemble)이라는

---

1 사실 건물도 내부를 보면 다양한 주체가 사용하고 각 주체에 따라 다양하게 내부가 디자인되기도 하지만, 이는 밖으로 잘 드러나지 않기 때문에 도시공간에 미치는 영향이 적다.

2 우리나라에서는 이를 '단지'라고 이름 붙여 부른다. 단지는 건축의 확장일지언정 도시라 하기에는 미흡하다. 단지는 대체로 개인들의 집단 소유이며 대부분 울타리나 경계 표시 등으로 불특정 다수의 진입을 제어한다.

▌프랑크푸르트의 중앙역 지구(Bahnhofsviertel) 카이저 가(Kaiser Str.)에서 중앙역으로 이어지는 종단경관. 중앙역과 역 앞 지구는 하나의 세트로 앙상블을 이룬다.

단어는 도시의 형태나 설계에서 더 큰 의미를 가진다. 음악에서 주로 어울림, 통일, 조화라는 의미로 사용되는 이 용어는 다양한 악기와 연주자가 등장하는 연주에서 매우 중요한 의미를 가지는데, 이와 유사하게 다양한 주체와 설계자, 시공자가 협력해야 하는 일정 지구의 도시 형태에도 사용될 수 있다. 독일 프랑크푸르트의 중앙역 지구를 위해 제시된 도시디자인 가이드라인(Gestaltungssatzung)[3]에서는 일반적 요구사항으로 다음과 같이 명시해놓았다.[4]

---

3   직역하면 디자인조례이지만 우리나라로 치면 일정한 지구를 위한 도시디자인 가이드라인과 유사하다. 헤센 주 '건축법' 제81조(§81 Bauordnung Hessen)에 따르면 각 자치단체는 도시디자인 가이드라인을 필요한 곳에 수립할 수 있다.

▌프랑크푸르트 중앙역 지구에 위치한 카이저 가에서 바라본 도심부 가로경관. 멀리 고층 및 기타 건축물이
자유롭게 배치된 도심업무지구와 건물 및 건축선이 정연한 카이저 가의 연도형(沿道型) 가구가 대조된다.

    대상지구 내의 건조물이나 광고물은 아래에 나오는 기준(도시디자
인 가이드라인)에 따라 디자인해 그 건조물이 역사적으로 형성된 가로
경관에 조화롭게 섞일 수 있도록 한다. 그 과정에서 건축사적으로나 예
술적으로, 나아가 도시설계적으로 의미 있는 건물(건조물)들에 의해 형
성된 앙상블에 특히 유의하도록 한다.[5]

---

4   중앙역 지구는 1880~1905년 사이에 급속히 조성된 지구이자 제2차 세계대전의 폭격을
    피해 살아남은 지구로, 프랑크푸르트의 근대 초기 도시계획을 보여주는 중요한 역사적
    유산이다. 따라서 이곳은 높은 건축적 가치를 지니고 있다(도시디자인 가이드라인 중 수
    립이유에 대한 설명에서 발췌).

5   "§2 Gestaltungssatzung für das Bahnhofsviertel"(Stadt Frankfurt am Main, 1982), p.
    682.

┃가회동 31번지. 북촌의 한옥이 길 및 지형과 어우러져 도시 앙상블을 보여준다.

　이처럼 하나의 건물이나 구조물이 아닌, 이들이 함께 모여 만드는 도시 공간 및 형태의 조화인 앙상블에 관심을 갖는 것은 도시를 디자인하는 중요한 이유 가운데 하나이기도 하다.

　사실 우리가 건축물이나 도시를 보고 아름답다고 느끼거나 즐겁게 감상할 때에는 결국 도시의 앙상블을 감상하는 것과 다름없다. 왜냐하면 하나의 건물이 아무리 아름답다고 하더라도 결국 그 건물은 도시의 맥락 속에 서 있는 것이기 때문이다. 그리고 그 맥락은 결국 시간에 따라 역사적으로 형성되기 마련이다.

한옥이 만드는 도시 앙상블

　우리나라 곳곳은 물론 변화가 매우 빠른 서울 같은 곳에서도 역사적으로 형성되어온 독특한 경관을 보이는 지역이 많은데, 이러한 지역들은 도시디자인 측면에서 의미가 있다. 서울에서는 북촌이 이런 곳이며, 현재 지구단위계획과 재개발계획으로 논란을 빚고 있는 경복궁 서쪽의 웃대, 이른바 서촌도 이런 곳이라고 할 수 있다. 좀 더 일상적으로 보자면 다세대주택이 연이어 들어선 주거지도 이런 앙상블을 이룬다고 할 수 있다. 도심에서는 근대적 건물들과 함께 규모와 형식이 비슷한 건물이 늘어선 명동이 이런 특성을 갖고 있다. 북촌이나 명동을 방문하는 사람들은 단순히 한옥이나 근대 건축물 하나만 개별적으로 보는 것이 아니라 여러 건물이 만들어내는 도시 앙상블을 보면서 앙상블이 제공하는 통일성 속의 다양함을 경험하는 것이다. 이러한 앙상블은 결국 해당 지구의 대표적인 이미지를 형성한다.[6]

이러한 도시 속 앙상블의 중요성은 앙상블이라는 용어를 직접 사용하지는 않았지만 우리나라 공공부문의 계획에서도 중요하게 취급된다. 북촌지구단위계획의 지구단위계획(구역) 결정사유는 이를 잘 보여준다.

서울시의 대표적인 전통 주거지로서 북촌의 한옥 및 고유한 경관 특성과 정주환경을 유지·강화하면서, 살아 있는 도시박물관으로서의 북촌의 역사적 가치 제고 및 전통문화 체험의 기회 제공 등을 위하여 도시관리계획을 결정함.[7]

---

6   김기호, 「다양성과 통일성, 그리고 창의성」, ≪건축문화≫(1990년 4월), 44~45쪽.
7   서울특별시, 「북촌 제1종 지구단위계획」(서울: 서울특별시, 2010), 243쪽.

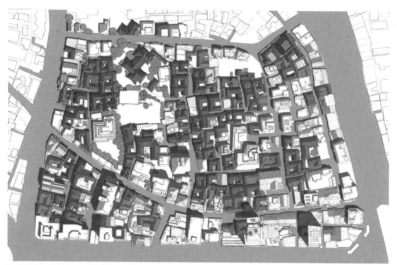

▌체부동의 한옥과 골목이 이루는 앙상블.
자료: 서울특별시, 「경복궁서측 제1종 지구단위계획: 인문역사환경 및 한옥조사보고서」(서울: 서울특별시, 2010), 98쪽(자료 제공: 구가건축 조정구).

이 자료에서는 지구단위계획을 결정한 중요한 이유로 한옥 이외에도 '고유한 경관 특성'을 들고 있는데, 이는 바로 한옥들과 지형, 그리고 주변 여건이 함께 만들어내는 앙상블을 뜻한다. 계획의 실천과제에서는 앙상블에 대한 사항을 좀 더 구체화해 첫 번째 과제로 북촌 고유의 경관 특성 유지·강화를 선정했으며, 이를 위해 민간부문에 다음과 같이 요구했다.

…… 한옥 건축을 지정·유도·권장하고 구역별로 차등화된 건축물 형태 및 외관지침을 부여한다. 이에 따라 비한옥 건축 시 한옥과 조화를 이루는 계획을 수립하여 비한옥의 색채, 재질 등이 북촌의 전체 경관을 훼손하지 않도록 관리한다.[8]

한때 허가된 다세대주택으로 인해 북촌 앙상블이 훼손되었다. 북촌로12길에서 대동세무고 방향.

골목공동체는 곧 앙상블공동체

언뜻 보면 건물만 앙상블을 구성하는 요소인 것처럼 느껴지지만 실제로는 건물과 담장, 수목, 지형, 가로나 광장 같은 오픈 스페이스가 어우러져 앙상블을 이룬다. 이러한 이유로 앙상블의 보호는 건물의 보호에 그치는 것이 아니라 건물 간의 관계와 골목 등 외부 공간의 보호까지 포함하는 개념이어야 한다. 체부동(경복궁 서쪽 웃대)에 관한 연구에서도 다음과 같이 강조하고 있다.

도시형 한옥은 한옥과 한옥, 그리고 가로라는 요소가 함께 군을 이루며 도시형 한옥주거지로 보전될 때 더 큰 의미를 갖는다. 따라서 한옥 자체의 보전과 동시에 가로, 필지, 건물이 함께 모여 조화를 이루는 가로

---

8   같은 글, 68쪽.

에 따른 한옥주거군의 보전에 관한 연구가 시급하다.[9]

광장 중심의 도시 앙상블 탄생

최근 서울 도심의 변화에서 가장 눈에 띄는 것은 길에 대한 인식의 전환이다. 즉, 자동차가 빨리 달리기 위한 도로라는 인식에서 보행자가 여유롭게 다닐 수 있는 가로라는 시각으로 전환된 것이다. 그동안 때때로 논의되고 도입되던 보행자전용도로 또는 보행자우선도로에서 진일보해 보행자가 도시공간의 중심에 설 수 있는 광장이 출현한 것이 가장 두드러진 변화다. 이를 두고 보행자의 안전 향상 또는 보행권리 증진이라는 관점에서 논의하고 평가하기도 하지만, 여기서는 보행자가 도시를 즐길 권리를 보장한다는 시민의 환경향수권 측면에서 논의하려 한다.

시청 앞 서울광장, 청계광장, 그리고 광화문광장의 출현은 도심을 보행자들에게 편한 공간으로 만드는 것으로 끝나지 않는다. 지금껏 가로나 광장공간의 중심을 자동차에 내준 채 변두리 가장자리인 보도에 겨우 머물던 시민들은 도시공간의 중앙으로 나서면서 도시공간의 주인이 되었다. 광장에서는 보행자가 안전할 뿐만 아니라 도시공간의 가운데에 서서 사방을 둘러볼 수도 있다. 도시에서 건물이 아닌 광장이 주인이 되고 주변을 둘러싼 건물들은 광장에 종속되는 상황이 벌어진 것이다. 도시공간의 중심인 광장의 가운데에 서자 시민들은 광장을 둘러싼 건물을 하나의 총체적인 그룹으로 느끼게 되었고 광장에서 보이는 건물들의 크기를 문제 삼

---

9   고아라, 「주택재개발사업에 있어서 도시형 한옥의 앙상블 보전에 관한 연구」, ≪도시설계학회 학술발표대회 2007 춘계논문집≫(2007), 177~185쪽.

▌시청 앞 서울광장 주변 경관. 규모가 큰 건물들이 광장을 압도하고 주변 건물은 광장을 밀도 있게 둘러싸지 못해 공간감이 취약하며 전체적으로 좋은 앙상블을 이루지 못하고 있다.

기 시작했다. 건물들이 너무 높아서 광장이 답답한 건 아닌지, 광장 둘레에 늘어선 건물들이 서로 형태나 규모 면에서 조화를 이뤄야 하는 건 아닌지 신경을 쓰게 되었다. 다시 말해 앙상블을 요구하게 된 것이다.

광장의 재발견과 조성은 단순히 보행자에게 안전하고 편리한 공간을 제공하는 데서 끝나지 않는다. 시민들은 광장의 재발견을 통해 환경향수권에 부응해 광장을 중심으로 한 도시 앙상블을 만들고 관리할 것을 요구하게 되었다. 즉, 도시가 앙상블을 이뤄야만 애써 만든 광장들 역시 진정으로 시민들의 사랑을 받을 수 있을 것이다.

광화문광장의 역사성과 앙상블 관리

2009년 조성된 광화문광장도 재발견된 도시 내 공간이다. 조선시대 말

‖ 1900년대 초 광화문 앞 육조거리. 백악마루와 광화문, 육조건물들이 육조거리를 둘러싸며 앙상블을 이룬다.
　자료: 서울시립대학교 박물관.

과 대한제국기부터 광화문 앞 공간은 이미 백성들의 왕래가 빈번한 광장
이었다.[10] 지난 100여 년간 광화문광장 주변에 진행된 건물 건축은 조선시
대 말 형성되었던 광장 중심의 앙상블을 훼손하는 일련의 작업이었다고
할 수 있다. 정부종합청사나 특정 보험회사 건물, 통신회사 건물 등이 대
표적으로 앙상블을 훼손해왔다. 하지만 광화문광장이 조성되어 시민들이
공간의 중심에 서면서부터 도시공간을 개별적인 건물 중심으로 취급하던

10　"광화문 네거리 기념비각 자리도 18세기 후반 상언이 이뤄지던 곳의 하나인 혜정교 앞이
　　다. …… 민족 수난기에 만세 시위의 거점의 하나가 되었다는 것은 결코 우연시할 수 없
　　다. 1880년대부터 서양인들이 와서 찍은 사진에 담긴 광화문 앞 육조거리도 사람의 왕래
　　가 많아 시민광장이 된 것과 같은 느낌을 강하게 준다." 이태진, 「18~19세기 서울의 근대
　　적 도시발달 양상」, 18쪽.

┃광화문광장 전경. 오른쪽 건물들이 왼쪽 건물들에 비해 현저하게 높아 좌우 앙상블을 훼손하고 있다.

┃고층화되는 광화문광장 동측 가로 주변 건물들. 이처럼 초고층 건물이 들어서면 광장의 앙상블이
훼손되고 말 것이다. 좌측 전면의 7층 건물에 비해 후면의 건물은 25층 내외로 높아 주변 기존 건물
및 광장과 조화를 이루지 못한다.

데서 탈피해 광장 중심으로 다룰 필요성이 커졌다. 여기서의 핵심은 바로 광장과 주변의 건물, 그리고 건물들 사이의 앙상블이다.

정연하게 광화문광장을 둘러쌌던 조선시대 말 육조(六曹)건물은 이제 광화문에서 사라졌다. 육조건물이 사라진 자리에 새로운 공간과 형태의 질서를 만들어가야 하는 과제가 우리 앞에 놓여 있다. 새로운 질서의 창조에서 중심적인 요소는 당연히 경복궁과 함께 역사적 위치로 재건축된 광화문이어야 한다. 광화문을 중심으로 공간적·형태적 맥락을 어떻게 형성할 것인가가 관건이다. 이런 시각에서 볼 때 최근 광화문광장에 면한 일부 기업이 이미 과도하게 높은 건물로 광장의 앙상블을 훼손하고 있는 것도 모자라 더 높은 건물을 짓고 광장과는 단절된 저층부를 만들려고 계획하는 것은 매우 경계해야 할 일이다.

11

도시건축 유형과 도시공간의 질[*]

도시계획 아이디어와 도시 형태

도시는 사람들의 요구와 인식의 산물이다. 따라서 사람들의 요구와 인식이 변하면 도시도 따라 변한다. 이러한 변화의 결과는 도시의 물리적인 공간 환경에서 매우 극명하게 드러난다. 이 때문에 이전까지 존재하던 물리적인 공간 환경을 지우개로 지우듯 깨끗이 지우고 시대의 요구와 사상

---

[*] 이 글은 2001년 발간된 『청계천: 시간, 장소, 사람』에 수록된 내용을 기본으로 해서 일부 용어와 표현을 수정하고 도면을 보완하며 사진을 추가한 것이다. 가능한 한 2001년 시점을 기준으로 자료를 보완하되, 여의치 못한 경우에는 2001년에 가까운 시점의 자료를 사용했다. 당시의 사진이 없는 경우가 많아 2009년의 사진을 사용하기도 했으나, 이는 도시계획 아이디어를 보여주기 위한 것으로 시간의 경과와는 큰 관련이 없다. 김기호, 「청계천 광교/장교구간: 도시계획 아이디어와 공간형태」, 서울학연구소, 『청계천: 시간, 장소, 사람』(서울: 서울시립대학교, 2001), 37~53쪽.

에 따라 새롭게 도시를 조성하는 경우도 있다. 그러나 대체로 도시의 물리적인 공간 환경은 한번 만들어지면 관성이 대단해서 상당히 오랜 기간 사람들의 생활을 담는다. 윈스턴 처칠(Winston Churchill)이 "사람이 건물을 짓지만, 건물은 다시 사람을 만든다(We shape our buildings, thereafter they shape us)"라고 말한 것도 바로 이 때문이다. 실제로 오늘 이 시대를 사는 사람들은 대체로 이전 시대 사람들이 만들어놓은 도시와 주거공간 속에 살기 마련이다.

오랜 역사를 통해 형성되어온 서울과 그 중심부에 자리 잡은 세종로와 삼일로 사이의 지역 역시 시대에 따라 도시가 형성되고 변화한 과정의 산물이라고 할 수 있다. 특히 서울이라는 매우 빠른 변화를 겪는 도시의 중심부에 위치한 이 지역에는 그동안 도시계획 아이디어가 다양하게 제기되고 실현되어왔다. 이 지역은 흔히 도시재생[1]이라고 부르는 행위를 통해 새로움을 향한 쇄신을 지속적으로 거듭해왔다. 조선시대에는 숭례문을 통해 도성 내로 들어오는 주요 가로인 남대문로와 청계천이 만나는 곳에 광교(광통교)가 만들어졌는데, 이 지역은 바로 광교의 동서 양측 지역을 말한다. 이 지역은 도심에 속하는 곳으로 청계천의 복개도 1958년에 이 지역부터 실시되었다.

1960년대에는 청계천의 장교 부근을 통과하는 삼일로가 새로 개설되

---

1   도시재생(urban renewal)이라는 말은 도시의 환경조건을 개선해나가는 여러 가지 행위를 포괄적으로 표현할 때 사용된다. 흔히 도시재개발이라고 부르는 철거재개발(redevelopment)도 도시재생의 한 종류라고 할 수 있다. 이 외에 필요한 부분만 개수하고 시설을 설치하는 수복재개발(rehabilitation), 역사적인 구조물 등을 점·선·면적으로 보전하는 보전재개발(conservation)도 있다.

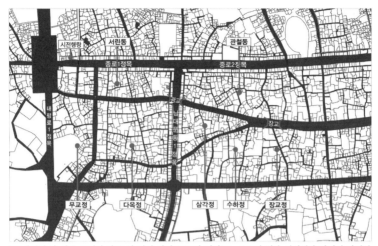

조선시대 말 서울 도심의 가구 및 필지 형태(1912년 지적도). 종로에 면한 시전행랑 자리의 한켜형 블록 외에는 가로망과 필지 형태가 대체로 자연발생적이고 유기적이다.

자료: 서울시립대학교 대학원 도시설계/역사연구실, 『도시구조/공간의 역사적 변화연구: 1912년 /1929년 지적도 디지털화작업』(서울: 서울시립대학교 도시설계/역사연구실, 2006).

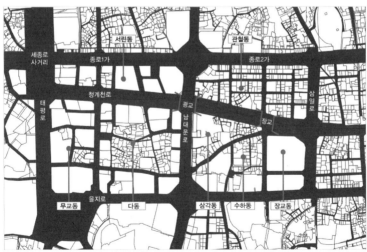

오늘날 서울 도심의 가구 및 필지 형태(2003년 지적도). 청계천의 광교를 중심으로 서북쪽에 재개발 로 형성된 서린동가구, 동북쪽에 전재복구 토지구획정리사업으로 형성된 관철동가구, 동남쪽에 재개 발로 단지형 블록 형태로 형성된 장교동가구가 도시평면에서 서로 대조를 보인다.

자료: 서울시립대학교 대학원 도시설계/역사연구실, 『도시구조/공간의 역사적 변화연구』.

▌가로와 건물의 관계가 밀접한 관철동 모습.

면서 오늘날의 슈퍼블록 형태가 결정되었는데, 광교를 중심으로 동북 측
의 관철동가구에서부터 시계 반대방향으로 서린동가구, 무교·다동가구,
삼각·장교동가구 등 네 개의 슈퍼블록이 구성되었다. 초기 슈퍼 블록들은
당초에는 조선시대부터 자연발생적으로 형성된 유기적인 형태의 내부 구
조를 가지고 있었으나[2] 1950년대부터 시기별로 각기 다른 도시계획 아이
디어로 도시재생이 이뤄졌다.

　이에 따라 다양한 도시건축 유형이 시도되어 지금과 같은 도시 형태를

2　조선시대 말까지 유지된 서울의 도성 내 구조를 보면 도시는 몇 개의 주요 시설과 가로
　（성문과 주요 시설을 연결하는 역할）로 이뤄졌음을 파악할 수 있다. 오늘날과 같이 도시
　가 일련의 가구로 조성된 것은 종로나 남대문로 변 등 일부에 불과했다. 물론 개념적으
　로는 조방제（條坊制, 블록을 바둑판 모양으로 배치하는 방식） 등이 알려져 있었으나 당
　시의 도시 조성에서는 구체적으로 적용되지 못했던 것으로 보인다.

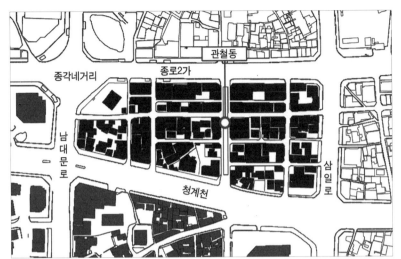

▌관철동가구의 도시평면도. 연도형 가구로 가로와 건물의 관계가 밀접하다.
　자료: 국토지리정보원(http://www.ngii.go.kr)의 2003년 수치지형도.

만들어냈으며, 이러한 과정은 지금도 진행 중이다.

토지구획정리를 통해 연도형으로 건축된 관철동가구[3]

관철동가구는 한국전쟁이 채 끝나지도 않았던 1952년에 전후 복구사업의 하나로 토지구획정리를 실시함으로써 선도적으로 형성된 곳이다(1952

3　연도형(沿道型) 가구는 영어의 perimeter block을 번역한 용어다. 흔히 중정형 가구라고도 번역하지만 이 용어는 중정의 유무에 따라서가 아니라 건물이 블록을 둘러싼 가로에 어떻게 대응하느냐에 따라 사용하기 때문에 연도건축형 가구(길을 따라 대응하며 연속적으로 건물이 늘어선 가구)라고 표현하는 것이 더 정확하다. 참고로 유럽에서는 이러한 가구 형태가 도시 내 건축 및 도시공간 형성에 중요한 의미를 가지므로 독일의 경우 이를 '가구형 건축(Blockbebauung)' 또는 '가로에 면해 닫힌 건축 형태(Geschlossene Bauweise)'라고 칭한다. 그 반대의 경우는 '가로에 면해 열린 건축 형태(Offene Bauweise)'라고 칭한다. 이 글에서는 연도건축형 가구를 줄여 연도형 가구라 칭하며, 연도형 가구와 달리 가로에 밀접히 대응하지 않고 자유롭게 건물이 건축된 가구를 비연도형 가구라 칭하기로 한다.

區	總面積	住宅面積	%	道路面積	%
I	61,775	50,539	81	9,018	15
II	107,700	89,781	83	12,707	12
III	61,700	48,788	79	8,602	14
IIII	87,925	78,057	89	8,223	9
V	147,650	123,944	84	20,373	14

▌종로 변 구획정리구역도. 세종로네거리와 종로4가 사이의 재개발을 위한 계획도다. 제1구의 청계천 우측이 서린구역이고 좌측이 무교/다동구역이다. 제2구의 청계천 우측 상부가 관철구역이고 좌측 상부가 삼각/장교구역이다. 자료: 경성부, 「경성도시계획조사서」(서울: 경성부, 1928), 261쪽.

년 10월 27일 실시계획 인가). 그 후 여러 가지 우여곡절을 거쳐 1962년에 환지가 확정되고 등기되었다.[4]

그런데 일제강점기였던 1928년 경성부는 이미 「경성도시계획조사서」라는 이름의 보고서를 통해 종로를 중심으로 북쪽(현 율곡로까지)과 남쪽(현 을지로까지)의 구역을 구획정리가 시급히 요구되는 지역으로 정하고 구획정리계획안을 제시한 바 있다. 이는 현 세종로네거리부터 종로4가까

---

4   서울특별시, 『서울 토지구획정리 백서』(서울: 서울특별시, 1990), 181~198쪽.

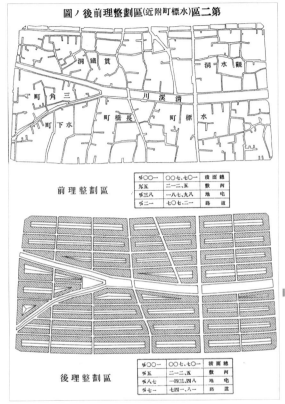

第二區(水標町附近)區劃整理前後ノ圖

貫鐵洞

觀水洞

三角町

淸溪川

水下町

長橋町

水標町

前理整劃區

總面積	○○七、七○一	一○○
河川	二一二、五	五％
宅地	一八七、九八	三八％
道路	七○七、二一	二一％

後理整劃區

總面積	○○七、七○一	一○○
河川	二一二、五	五％
宅地	一四三、四八	八七％
道路	七四一、八一	七一％

▌관철동과 삼각동의 가구 구획
정리 전후 비교도(124쪽 구획
정리구역도의 제2구). 유기적
인 가로망을 걷어내고 근대적
인 격자형 가로망과 블록으로
계획했다.
자료: 경성부, 「경성도시계획
조사서」.

지를 다섯 개 구역으로 나눠 구획정리하는 안으로, 결국 도심의 주요부를
철거재개발하겠다는 사업계획안이었다. 그러나 법적 뒷받침이 미약하고
재원조달이 어려워 관계 당국이 냉담한 반응을 보인 관계로 계획에만 그
치고 말았다.[5]

1952년에 실시된 구획정리는 가구의 크기, 가구의 건축 형태, 도로의

5   지종덕, 『토지구획정리론』(서울: 바른길, 1997), 71쪽.

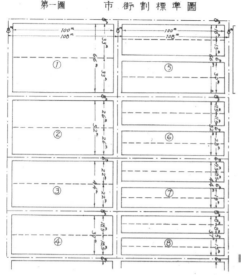

市街割標準圖

區分	全面積	宅地面積	街路面積	全面積ニ對スル比	
				宅地	街路
1	7,992	6,600	1,392	82.6	17.4
2	6,372	5,200	1,172	81.6	18.4
3	5,508	4,400	1,108	79.9	20.1
4	4,752	3,700	1,052	77.9	22.1
5	7,992	6,000	1,992	75.1	24.9
6	6,372	4,600	1,772	72.2	27.8
7	5,508	3,800	1,708	69.0	31.0
8	4,752	3,200	1,552	67.3	32.7

▌시가할표준도. 일제강점기의 가구 및 도로 계획 표준도다. 블록(가구)의 깊이(단변)에 따라 다양한 크기의 가구와 필지가 만들어지고 이에 따라 도로율이 17%(대형 가구)에서 32%(소형 가구)까지 변함을 보여준다.
자료: 조선총독부, 「경성시가지계획(구역, 가로망, 토지구획정리지구) 결정이유서」(서울: 조선총독부, 1937), 도1.

폭 등에서 일제강점기의 구획정리 수법을 충실히 따랐다. 광복 이후에도 일제강점기의 '조선시가지계획령'(당시의 도시계획에 관한 법률)을 그대로 사용했으니 당시로서는 일제강점기에 만들어놓은 계획안이나 방식을 그대로 사용하는 것이 유용했을 것이다. 광복 후 한국전쟁까지는 시대적 상황이 무척 혼란스러웠으므로 시간적으로나 사회적으로 새로운 기술을 접촉하고 축적하는 데 제한적일 수밖에 없었다.

관철동과 같은 연도형 가구의 도시 형태는 유럽의 전통적인 시가지 형태와 유사하다. 건물이 길을 따라 정연히 배치되고 건물과 가로가 시각

┃제2차 세계대전 이전 독일의 전통적인 연도형 가구와(왼쪽) 제2차 세계대전 이후 새로 등장한 비연도형 (또는 자유형) 가구. 비연도형 가구는 일조, 채광, 통풍 등 근대 건축이 추구하는 요소를 달성하기 위한 건물 배치다.

자료: Lehrstuhl & Institut fuer Wohnbau, RWTH, *Wohnungsbau in der BRD, eine Dokumentation der Wohnungspolitik und ihrer Ergebnisse*(Aachen: Lehrstuhl fuer Wohnbau RWTH Aachen, 1978), p. 32.

적·기능적으로 밀접하게 관계를 맺으면서 도시공간을 형성하는 것이다. 그러나 비슷한 시기 독일은 제2차 세계대전 이후 전후 복구사업을 실시하는 과정에서 1930년대의 근대 건축 및 도시계획가들이 일조, 채광, 통풍에서 문제가 있다고 낙인찍은 연도형 도시건축 대신 당시 새로운 시대의 새로운 도시 공간 및 형태 조성 방법으로 떠오른 (가구 형태에서 해방된) 개방적인 비연도형 도시건축을 시도했다.[6]

6   Lehrstuhl & Institut für Wohnbau, RWTH, *Wohnungsbau in der BRD, eine Dokumen-*

▌독일의 전통적인 연도형 가구의 가로경관(왼쪽)과 제2차 세계대전 이후 새로 등장한 비연도형 가구의 가로경관(오른쪽). 가로와 건물이 밀접한 관계를 가지는 연도형 가구에서는 가로가 건물로 둘러싸인 도시공간이라서 보행 등 사람들로 활성화된다. 반면 비연도형 가구에서는 가로가 건물로 둘러싸인 도시공간으로서의 의미가 약해진다. 그러나 가로 저층부에 상가를 배치함으로써 연속적인 가로경관을 시도한다.
자료: Lehrstuhl & Institut fuer Wohnbau, RWTH, *Wohnungsbau in der BRD, eine Dokumentation der Wohnungspolitik und ihrer Ergebnisse*, p. 33.

이로 인해 건물은 도시가구나 가로에서 해방되어 자유롭게 배치되었으며 이에 따라 건물로 둘러싸인 가로의 도시공간도 해체되었다. 그러나 1970년대로 들어서면서는 대부분 전통적인 연도형 가구로 되돌아가고 말았다.[7] 연도형 가구가 제공하는 건물로 둘러싸인 아늑한 도시공간, 보행자의 움직임과 밀접한 관계를 갖는 건축물의 배치 등과 같은 장점을 높이 평

---

tation der Wohnungspolitik und ihrer Ergebnisse(Aachen: Lehrstuhl fuer Wohnbau RWTH Aachen, 1978), pp. 31~33.

[7] 1970년대 유럽에서는 제2차 세계대전 이후 적용되기 시작한 비연도형 가구를 강하게 비판했는데, 그 이유는 가로와 건축물 간의 관계 단절, 가로공간의 도시공간으로서의 의미 상실 및 이에 따른 도시공간의 황폐화 등 때문이었다. 이에 대한 논의는 매우 다양한 문헌에서 나타난다. S. Tiesdell, T. Oc and T. Heath, *Revitalizing Historic Urban Quarters*(Oxford: Architectural Press, 1996), pp. 47~53.

관철동의 공공공간. 연도형 가구에서
는 가로공간이 건물로 둘러싸여 매우
활성화된다.
자료: 서울특별시, 『서울 1999~2000:
도시형태와 경관』(서울: 서울특별시,
2000).

가했기 때문이다.

우리나라에서는 연도형 가구 형태에서 해방된 개방적인 비연도형 도
시건축이 1970년대(실행은 주로 1980년대 이후) 도심재개발에서 나타났으
며, 오늘날까지도 도시계획의 유일한 아이디어인 양 군림하고 있다.

재개발을 통해 비연도형으로 건축된 서린동가구와 다동가구

서린동가구는 1973년에 재개발구역으로 지정된 이후 1976년 사업계획 결정을 거쳐 각 지구마다 건축계획을 수립해 공사에 착수·완공한 곳이다. 종각(보신각) 서쪽 건너편의 영풍빌딩의 경우 1988년 공사에 착수해 1992년 완공되었으며, 서린재개발구역은 4~5지구를 제외하면 거의 재개발이 완료되었다.

다동가구도 서린동가구와 같은 시기에 구역 지정 및 사업계획이 결정되어 구역 내 각 지구마다 건축계획을 수립해 건물을 건축했다. 현재 슈퍼블록을 둘러싼 주변부는 대체로 건물이 완성된 상태이나 슈퍼블록 내부에는 아직 재개발되지 않은 곳도 많이 남아 있어 조선시대의 도시조직을 보여준다.

서린동가구와 다동가구의 재개발에서는 근대주의 도시계획 및 건축운동이 주장하던 원칙[8]을 충실히 실현하는 방식으로 도시공간을 조성했다. 근대의 건축 및 도시계획가에게는 일조와 채광, 통풍을 확보하는 것이 도시공간 환경 조성의 중요한 목표였으며 이를 통해 위생적이고 쾌적한 도시를 만들 수 있다고 믿었다. 물론 1930년대 당시 서서히 등장하던 자동차도 중요한 고려 요소 중 하나였다.

이에 따라 도시는 넓은 도로, 넓은 오픈 스페이스, 큰 건물로 구성되었

---

8 여기서 말하는 원칙은 주로 근대건축국제회의(CIAM)의 원칙 또는 그들이 만들어낸 아테네헌장 등을 지칭하며, 건물의 일조, 채광, 통풍을 확보하는 것이 중요한 원칙 중 하나다. 이 외에 도시를 주거, 상업, 산업, 녹지 등 기능에 따라 분리하는 것도 중요한 원칙으로 삼는다. CLAM의 대표적인 건축·도시계획가로는 르코르뷔지에(Le Corbusier), 루트비히 힐버자이머(Ludwig Hilberseimer) 등이 있다.

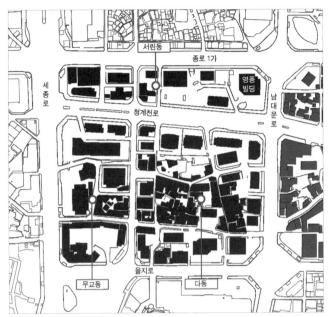

▌무교동, 서린동, 다동의 도시평면도.
 자료: 국토지리정보원(http://www.ngii.go.kr)의 2003년 수치지형도.

▌무교동지구와 다동지구에는 가로변에 재개발이 시행된 곳과 가구 내부에 재개발이 미
 시행된 곳이 혼합되어 있다.
 자료: 서울특별시, 『서울 1999~2000: 도시형태와 경관』.

▌강서구 가양동의 아파트 주거단지(2010). 일조, 채광, 통풍 등 근대 건축이 추구하는 목표를 달성하기 위해
건물을 일자로 배치했다. 또한 건물은 단지 내에 위치해 가로와 긴밀한 관계를 갖지 않는다.
자료: 서울특별시, 『서울 2009~2010: 도시형태와 경관』(서울: 서울특별시, 2010).

으며, 가구의 형태와 무관하게 자유롭고 개방적으로 건물을 배치하는 비
연도형 가구들이 등장했다. 이로써 건축물은 도시공간을 형성하는 구성
요소가 아니라 길이나 블록 형태와는 관계없는 독립적인 개체가 되었으며
길은 단지 건축물이나 시설로 진입하는 통로의 역할로만 취급되었다. 전
통적인 의미의 사면이 둘러싸인 위요감(圍繞感, 벽이나 나무로 둘러싸여 생기
는 아늑한 느낌) 있는 도시공간은 해체되어 사라진 것이다. 대신 건축물 사
이의 넓은 오픈 스페이스가 도시 외부 공간으로 등장했다. 그러나 오픈 스
페이스는 대부분 자동차가 진입하거나 주차하는 데 사용되고 있어 실제
보행자 등이 자유롭게 이용할 수 있는 오픈 스페이스는 많지 않다. 결국
도시와 건물은 접근도로로만 연결되는 교통기능적인 관계로 축소되었다.

재개발된 서린구역의 공공공간.
가로나 공원이 깨끗하게 만들어
졌으나 차가 점령하고 있거나 왕
래하는 사람이 없어 황량하다.

▌다동 내부는 재개발이 진행되지 않아 가로와 건물에 조선시대의 도시조직이 아직 남아 있으며, 건물과 가
로가 밀접한 관계를 맺고 있다.

재개발로 건설된 서린동과 다동, 그리고 앞으로 논할 장교동가구는 모
두 이러한 근대주의적 도시계획 이상을 실현한 전형적인 형태라고 할 수
있다. 도시계획 전문가들이 근대적인 도시계획 건설이라는 목표를 추구한
것과는 별도로, 몇 차례에 걸친 경제개발 5개년 계획의 성공적인 성취로
근대화의 기치를 높이 세운 당시 권력자에게도 이와 같은 도시개발 방식은
성공을 가시적으로 보여주기에 더없이 좋은 상징적인 수단이었다.

재개발을 통해 단지형으로 건축된 장교동가구

장교동가구는 을지로2가 재개발구역의 한 부분으로, 서린동, 다동보다
약간 늦은 1977년에 재개발구역으로 지정되고 1978년에 사업계획이 결정
되었으며, 이후 각 지구마다 건축물을 신축함으로써 재개발사업을 완성했

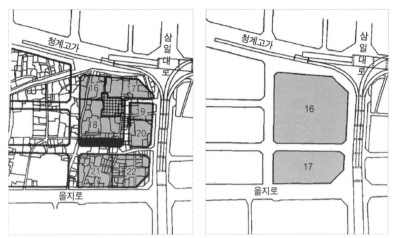

┃ 1982년 장교동가구를 16, 17지구로 통합하기 전(왼쪽)과 후(오른쪽)의 도시평면도. 7개의 작은 재개발지
구를 두 개로 크게 통합해 단지형 재개발을 시도했다.
　자료: 대한주택공사, 「을지로2가 재개발 사업지」(1989), 79쪽.

다. 당시 주택공사(현 LH공사)는 을지로2가 재개발구역의 가장 동쪽에 위
치한 일곱 개의 지구를 통합해 16, 17지구의 두 개 지구로 만들고 하나의
단지로 설계했으며, 1983년에 사업에 착수해 1988년에 재개발을 완료했
다. 1997년에도 주택공사는 그 옆 서쪽의 지구들을 모아 통합적으로 개발
하려는 현상설계를 실시했으나 사업을 시행하지는 못했다.

　장교동가구도 앞서 설명한 서린동가구 및 다동가구와 비슷하게 근대
적 도시공간 환경의 방식과 원칙하에 조성된 곳이지만 한 가지 특징적인
면을 보여준다. 서린동이나 다동은 가구별·필지별로 개별적 개발을 중심
으로 조성되어 각 지구 간에(즉, 각 필지 및 건물 간에) 거의 아무런 관계가
없이 도시공간 환경이 조성된 데 반해, 장교동가구(16, 17지구의 한화빌딩,
장교빌딩, 기업은행빌딩)는 통합적인 계획과 개발을 통해 건물 간의 관계 또
는 건물과 가로 간의 관계를 다시 소생시키려 시도했다는 점이다.

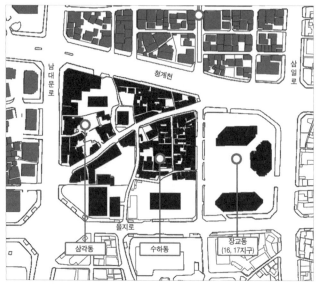

┃장교동의 도시평면도.
　자료: 국토지리정보원(http://www.ngii.go.kr)의 2003년 수치지형도.

┃16, 17지구를 보면 큰 블록을 통해 가구 내부에 마당을 만들었으며, 건물도 가로에 면하도록 되어 있다.
자료: 서울특별시, 『서울 1999~2000: 도시형태와 경관』.

▌장교동재개발구역의 내부 마당에 있는 외부 공간. 외부 공간을 둘러싼 건물과 함께 활성화된 공공공간을 만들었다.
자료: 대한주택공사, 「을지로2가 재개발 사업지」.

이런 시도에는 단순히 건물과 건물 간의 관계뿐 아니라 가구와 건물 간의 관계 및 건물과 가로 간의 관계를 변화시키는 것도 포함된다. 이 같은 시도는 1970년대에 유럽이 비연도형 가구에서 연도형 가구로 회귀하던 현상과 비교할 수 있다.

사람들은 활발하고 생기 넘치며 편안한 외부 공간(가로공간이나 광장)이 도시에서 점점 사라지는 것을 아쉬워하는데, 이의 해결책을 모색하는 방법 중의 하나가 장교동에서 이뤄진 시도라고 볼 수 있다.

세 가지 도시건축 유형 비교

지금까지 살펴본 바와 같이 청계천로 변 가구에는 지난 60여 년간 조선시대의 도시조직을 헐어내고 새로운 시대의 요구에 대응하는 근대적 형태의 도시가 조성되어왔다. 이들은 연도형, 비연도형, 단지형의 세 가지 방식으로, 각각 다른 도시공간 및 형태적 의미를 가진다.

① 연도형(1950년대, 토지구획정리사업): 건물-가로 간의 관계 밀접, 통일성 있는 가로경관, 가로가 중요한 도시공간으로서의 역할 담당, 보행 동선과 밀접한 관계를 갖는 건물 배치, 건물 상호간의 관계 중시(높이, 배치, 형태 등)

② 비연도형(1970년대 이후, 재개발사업): 건물-가로 간의 관계 소원, 산만한 가로경관, 가로가 도시공간으로서의 의미를 상실, 차량 접근 강조, 보행 동선보다는 차량 접근과 관계있는 건물 배치, 건물은 상호간 관계되기보다 독립적으로 존재(높이, 배치, 형태 등)

③ 단지형(1980년대, 재개발사업): 건물-가로 간의 관계 가능, 통일성 있는 가로경관, 공동의 오픈 스페이스 형성, 보차 분리 및 보행안전 중시, 건물 상호간의 관계 형성 가능(높이, 배치, 형태, 외부 공간 형성 등)

엄격히 말해 단지형은 재개발사업을 통해 만들어진 대규모의 연도형 가구다. 장교동에서는 연도형을 형성함으로써 비연도형 중심의 도심재개발에서 잃어버린 도시공간을 회복하려 하고 있다. 도시공간 및 형태 조성에서 장교동재개발계획이 중요한 의미를 갖는 이유는 이 때문이다.

표 11-1. 도시건축 유형별 도시 형태 비교

구분	필지 및 가구 형태	건물 배치
연도형 (관철동 구역)	 종로 2가 / 청계천	 종로 2가 / 청계천
비연도형 (서린동 구역)	 종로 1가 / 청계천	 종로 1가 / 청계천
단지형 (장교동 구역)	 청계천 / 삼일대로 / 을지로	 청계천 / 삼일대로 / 을지로

자료: 국토지리정보원(http://www.ngii.go.kr)의 2003년 수치지적도 및 수치지형도.

변화에 대응 가능한 도시조직

경직된 도시와 유연한 도시

앞에서는 도심재개발로 도심에 크고 높은 건물들이 들어서면서 드러난 여러 가지 특징과 부작용을 살펴보았다. 그중 하나가 다양성의 상실인데, 이는 경직된 도시계획과 깊이 관련된다. 쉽게 말하자면 도시의 블록이나 필지, 건물이 내·외부의 여건 변화에 쉽게 적응하면서 바뀌기 어려운 구조와 배치로 만들어졌다는 것이다. 특히 최근 공공부문에서 도심부 내 공공공간을 좀 더 인간적이고 보행친화적으로 만들면서 이 같은 경직된 도시계획의 부정적인 결과가 상대적으로 더 크게 드러나고 있다. 이는 단순히 도시공간의 비활성화라는 결과에 그치지 않고 건물의 임대수익 등에도 매우 부정적인 영향을 미친다. 최근 공공부문 사업이 시도한 도시공간의 변화 가운데 대표적인 것이 청계천의 복원이다. 청계천의 복원과 함께 서울광장, 청계광장, 광화문광장 등이 매력적으로 변신했음은 이미 잘 알려진 사실이며, 이러한 도심에서 공공공간의 변화는 계속되어야 하고 또 계속될 것으로 예상된다. 그러나 더욱 매력적인 도시가 되기 위해서는 공공공간의 변화뿐 아니라 이에 면하는 민간부문의 건축 및 공간의 변화도 필수적이다.

청계천이 복원되어 매력적인 공간으로 변신하자 주변 여러 블록과 건물에서도 다양한 변화가 일어났는데, 이 과정에서 경직된 도시계획과 유연한 도시계획 간의 차이가 매우 두드러지게 나타났다. 구체적으로 예를 들자면, 서린재개발구역과 같이 도심재개발로 단일화·대형화되어 경직되게 계획된 지역은 변화에 거의 대응하지 못하는 반면, 바로 옆의 관철동처럼 유연하게 계획된 지역은 발 빠르게 대응해 각 필지 및 건물의 수익을 극대화하는 한편 가로경관의 개선에도 크게 기여하고 있다.

공적 공간과 사적 공간을 매개하는 깍두기 공간

흔히 어느 쪽에도 끼지 못하는 사람이나 그런 신세를 깍두기라고 부른다. 이때 깍두기는 다소 부정적인 의미를 내포한다. 그런데 도시공간에서는 이렇게 어느 쪽에도 끼지 않는 깍두기 공간과 행위가 오히려 필요하고 바람직한 경우가 많다. 깍두기는 어느 쪽에 못 낀 게 문제가 아니라 오히려 양쪽을 연결할 수 있는 매개체로 더 높이 평가받을 가능성이 있기 때문이다.

대지와 건물, 그리고 가로공간 등으로 이뤄진 도시공간은 소유관계와 성격에 따라 사적 공간-반(半)사적·반공적 공간-공적 공간으로 영역을 구분할 수 있다. 사적 공간은 한정된 사람이 사용하는 공간으로 주로 건축물 내부를 뜻하며, 공적 공간은 다수의 불특정한 사람이 공동으로 이용하는 공간으로 보도, 차도, 광장 등을 들 수 있다. 그리고 이러한 사적 공간과 공적 공간 사이에는 건물의 현관과 로비, 건물 정면의 디자인, 대지 내 공지나 테라스 등 온전히 사적이라고 말하기에는 적절치 않은 공간이나 대상물이 형성되는데, 이러한 공간은 사적 공간보다 다양한 행위를 수용하면서 공적 공간과도 원활히 연결되는 매개공간의 성격을 갖는다. 즉, 사적 공간에도 속하지 않고 공적 공간에도 속하지 않는 깍두기 공간이라고 할 수 있다.

한편, 도시공간에서 인간의 활동은 크게 필수적 활동과 선택적 활동으로 나눌 수 있는데, 이러한 활동은 상황에 따라 개인적 활동일 수도 있고 사회적 활동일 수도 있다. 필수적 활동은 일상의 직무와 이를 위한 접근 등 꼭 해야만 하는 활동을 말하며, 선택적 활동은 산책과 머묾 등 시간과 장소가 허락하는 조건에서 발생하는 활동을 말한다. 사람들은 필수적 활동이 아닌 선택적 활동을 통해 도시공간에서 즐거움을 찾고 여유를 갖는다. 한편, 사회적 활동은 다양한 사람들이 함께 있음으로써 야기되는 모든 활동을 뜻하며, 개인적 활동은 사람들과의 접촉 없이 일어나는 개별적인 활동을 뜻한다.

이러한 개념하에 도시공간과 인간의 활동 간의 관계를 살펴보면, 도시공간에 물리적 환경이 열악하면 주로 필수적 활동만 일어나며, 물리적 환경이 풍부하면 선택적 활동까지 일어날 가능성이 높아진다. 필수적 활동은 꼭 해야만 하는 활동이기에 물리적 환경의 영향을 적게 받지만, 선택적 활동은 날씨나 장소 등이 사람들에게 얼마나 매력적이냐에 따라 활동 여부가 결정되기 때문이다. 나아가 필수적 활동과 선택적 활동을 하기 편하

그림 12-1. 도시공간과 인간 활동 간의 상호관계

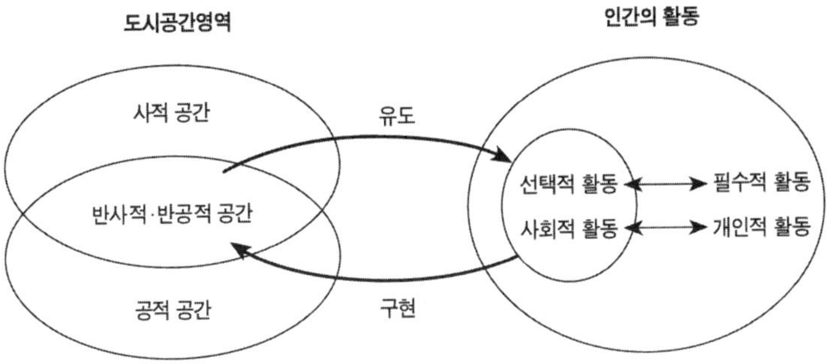

자료: 송희숙 외, 「관철동 도시형태 특성 및 변화에 관한 연구」, 96쪽.

도록 도시를 좀 더 적절히 설계한다면 사람들이 서로 만나고 보고 귀 기울일 수 있는 기회가 많아져 사회적 활동이 증진될 수도 있다. 즉, 사적 공간인 건축물의 개선이나 공적 공간인 가로환경의 개선과는 별도로 건축물의 정면 디자인 변화나 대지 내 공지 활용 등을 통해 생성되는 반사적·반공적 공간은 사람들의 다양한 활동을 유도하는 매개체로 기능하는 것이다.

유연한 도시조직인 관철동가구

아직 일제강점기의 기억을 다 떨쳐내지 못했던 1950년 우리나라에서는 한국전쟁이 발발했고, 이로 인해 서울은 곳곳이 잿더미가 되었다. 서울 시가지 내 19곳이 전쟁으로 파괴되었는데, 그중 관철동을 포함한 중심부 일대는 복구가 가장 시급한 곳으로 대두되었다. 이에 따라 휴전협정이 진행 중인 1952년에 이미 전재복구도시계획이 확정되었는데[1] 서울 시가지

---

1 1952년 6월 2일 도시계획위원회가 발족되었다. 서울시정개발연구원, 『서울 20세기 100년의 사진기록』(서울: 시정개발연구원, 2000), 194쪽.

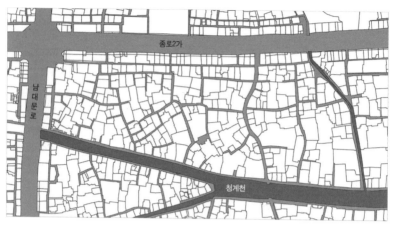

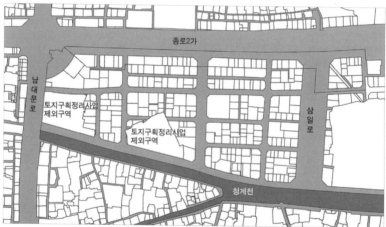

▌관철동지구의 토지구획정리사업 이전(위)(1929년 지적도)과 이후(아래)(1952년 토지구획정리 환지처분
   도)의 도시조직.
   자료: 송희숙 외, 「관철동 도시형태 특성 및 변화에 관한 연구」, 97쪽.

내 전쟁으로 피해를 입은 지역은 모두 토지구획정리사업 대상지역으로 결
정되었다. 관철동은 제1중앙토지구획정리사업지구에 속했으며 면적은 7
만 7,417.4㎡로 작은 편이었다. 전쟁으로 파괴된 시가지 내 도로의 신설
과 필지정리가 사업의 주된 내용이었다.

토지구획정리사업을 통해 관철동에서는 조선시대부터 형성된 좁고 자연발생적인 골목이 없어지고 폭 4~15m인 격자형의 가로체계가 형성되었으며, 부정형의 필지들이 정형의 블록 내에 반듯한 필지로 바뀌었다. 전쟁 피해가 없던 청계천 변의 일부 필지는 구획정리사업에서 제외되어 지금도 부정형적인 가로와 블록, 그리고 필지로 남아 있다.

1953년 한국전쟁 휴전협정을 맺고 난 얼마 뒤에는 전재복구 등을 위한 건축물에 대한 지침서라 할 수 있는 '건축행정요강'이 공포되었다. 1962년에 건축법이 제정되어 시행될 때까지 서울의 건축물은 모두 이 요강에 따라 허가가 이뤄졌는데, 이 요강은 건축물의 높이에 관한 사항, 건폐율에 관한 사항, 대지에 관한 사항 등의 내용을 포함하고 있었다.[2] 이로써 서울 도심부에는 일조, 채광, 통풍이 원활하고 자동차가 모든 필지에 접근할 수 있는 근대적 시가지가 탄생했다. 전쟁 파괴라는 타의에 의한 것이기는 하지만 어쨌든 근대 이후 최초의 도심재개발사업이 실현된 것이다. 이렇듯 관철동은 전재복구사업의 일환으로 행한 도시계획인 토지구획정리사업과 건축법이라고 할 '건축행정요강', 그리고 이후의 다양한 사회적·경제적 요인을 통해 지금과 같은 가로, 블록, 필지, 그리고 건축물의 형태를 갖추게 되었다.

---

2   이 요강에는 간선도로변 높이의 최저한도를 규정하는 항목도 포함되어 있었다. 이는 간선 도로변을 고층화해 수도로서의 서울의 위상과 도심부로서의 서울의 위상을 드높이기 위한 것으로, 당시로서는 큰 변혁이었다. 그러나 지진이 자주 발생해 건물의 높이를 8층 이하로 제한하는 일본의 영향으로 당시 우리나라 사람들이 생각한 고층 건물은 겨우 3층에서 8층까지였고, 경제 사정도 좋지 않아 도심부가 쉽게 고층화될 수 없었다. 김진희, 「관철동 도시블록 특성에 관한 연구」(2005), 21쪽.

표 12-1. 관철동의 청계천 변 도시 형태의 변화 내용 및 변화 시점

구분	2		3		4		6		7	9		13		14		16		1, 2, 5, 10, 11, 12, 15	8
내용	업종 변화		업종 변화 입면 개보수		업종 변화		업종 변화 입면 개보수		신축	업종 변화 입면 개보수		업종 변화		업종 변화		입면 개보수		간판 정비	가로 조성
연도	2003	2006	2003	2006	2003	2006	2003	2006	2006	2003	2006	2003	2006	2003	2006	2003	2006		
용도	식당/커피	의류/의류	안경	커피	여행사	식당	여행사	커피	주상복합	주점	식료품	카페	냉방설비	페인트	식당	커피	커피		
변화 시점	2003/2005. 10		2006. 3		2006. 5		2006. 8		2005	2006. 8		미확인		2003. 7		공사 중		2005. 8	2005. 5

주: 1) 1층 용도 기준이며, 조사 시점은 2006년 10월임.
  2) 구분의 번호는 아래 그림에 표시된 대지 및 건물 번호를 의미함.
자료: 송희숙 외, 「관철동 도시형태 특성 및 변화에 관한 연구」, 102쪽.

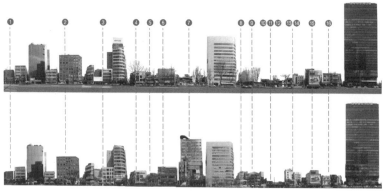

▌청계천 복원 사업 전(위)(2003년 2월)과 후(아래)(2006년 9월)의 청계천로 변 관철동의 도시입면 비교.
  자료: 서울특별시, 「청계천복원에 따른 도심부발전계획」, 부록3; 송희숙 외, 「관철동 도시형태 특성 및
  변화에 관한 연구」, 102쪽.

청계천 복원과 관철동가구의 대응

2005년 청계천이 복원되고 난 후 관철동지구에는 많은 변화가 일어났다. 특히 청계천에 면한 곳에서는 매력적으로 변한 청계천에 대응해 토지 및 건물의 부가가치를 높이려는 변화가 크게 일어났다.

이러한 변화는 크게 용도의 변화, 건물의 신축이나 개수 등의 변화, 그리고 공공공간의 변화로 나눠볼 수 있다. 용도의 변화에서 두드러지는 것

		Ⓑ	버스승강장	
		Ⓣ	택시승강장	
		●	배전함, 안내표지판, 가스배출구	
		▲	공중전화, 소화전, 휴게간이매점	
			펜스	

○	조형물, 벤치, 이동식화장실, 관광안내소	Ⓑ	버스승강장	
★	입면, 간판 변화	Ⓣ	택시승강장	
	업종 변화	●	배전함, 안내표지판, 가스배출구	
		▲	공중전화, 소화전, 휴게간이매점	

❙ 청계천 복원 사업 전(위)(2003년 2월)과 후(아래)(2006년 9월)의 청계천로 변 관철동의 도시평면도. 건축
물 및 가로공간의 변화를 알 수 있다.
자료: 송희숙 외, 「관철동 도시형태 특성 및 변화에 관한 연구」, 103쪽.

은 기존에 업무서비스 성격이던 시설들이 식음료 등 가로의 보행활동을
지원하는 시설로 변한 것이다. 건물의 변화는 용도의 변화와 밀접한 관계
를 갖는다. 가로의 보행을 자연스럽게 건물 내의 용도로 유도하기 위한 장
치로 건물 1층 전면부에 테라스형 공간을 설치하는 곳이 두드러지게 많아
졌으며, 저층부의 개구부는 크고 투명하게 만들어 건물 내외가 시각적으
로 잘 보이도록 했다. 심지어 건물 내에 통로를 만들어 보행자가 그 건물
을 통해 후면의 다른 건물로 진입할 수 있도록 연결하는 적극성을 보인 건
물도 있다. 공공공간에서도 큰 변화가 일어났는데, 기존에 보행을 방해하
던 다양한 가로시설물이 사라졌으며, 청계천으로의 연결을 방해하던(한편
으로는 차로부터 보행자를 보호한다던) 방호울타리(펜스)도 철거되어 시각적
으로나 기능적으로 청계천과의 관계가 강화되었다.

깍두기 공간의 생성

청계천의 변화로 청계천에 면한 관철동가구의 건물과 대지에서 일어난 변화는 다음 세 가지로 정리할 수 있다.

첫째, 기존 업종이 음식점 또는 커피전문점으로 바뀌면서 1층 전면부가 테라스형으로 변화해 가로공간과 관계를 이루는 반사적 공간영역이 생성되었다. 둘째, 기존 업종이 의류 업종 또는 커피전문점으로 바뀌면서 가로에 면한 입면을 전부 유리창으로 구성해 사적 공간인 건물 내부와 공적 공간인 가로 사이의 시각적 관계가 매우 개방적으로 변화했다. 셋째, 종로1번가 건물의 경우(146쪽 그림의 ⑦번 건물) 건물 내부에 홀과 통로를 확보해 청계천로 변에서 건물 내부로 진입하도록 유도하는 한편 건물 후면의 관철동 지역과 연결시킴으로써 공적 공간 간에 원활하게 연결되도록 돕고 있다. 이처럼 공적 공간과 사적 공간이 유기적으로 결합함으로써 형성된 반사적·반공적 공간은 다양한 활동이 일어날 수 있는 환경을 제공하고 있다.

대규모 철거재개발의 대안

관철동지구는 전쟁으로 파괴된 시가지를 재개발한 곳으로, 서울 도심부에서는 처음으로 근대적인 도시가구가 토지구획정리사업을 통해 만들어진 곳이라는 의의를 갖고 있다. 1970년대 이후 도심부에서 대대적으로 시행된 철거 위주의 재개발사업과 비교할 때 재개발의 계기만 다를 뿐이다. 그러나 도시계획 및 설계의 측면에서 볼 때 관철동 재개발(전재복구 토지구획정리사업)은 1970년대 이후 도심재개발과 비교해 다양한 시사점을 우리에게 던진다.

▌건물 가운데 통로를 내서 후면까
지 연결한 신축 건물(종로1번가
건물).

▌청계천 변 관철동 구간 삼일빌딩
서쪽. 가로를 활성화하는 깍두기
공간이 많이 생성되었다(2010).

▌커피전문점으로 바뀌면서 깍두
기 공간으로 만들어진 테라스.

청계천 변화에 신속하게 대응한 유연한 관철동가구. 가로에 면한 건물 저층부가 신속히 변화하면서 가로 활성화에 기여하고 있다.

청계천 변화에 대응하지 못한 경직된 서린동가구. 건물이 가로에 면하지 않으며 가로는 깨끗하나 썰렁한 공간으로 남아 있다.

관철동은 중소 규모로 블록이 나뉘고 필지가 분할된 반면, 1970년대 이후 도심재개발에서는 중대 규모로 블록이 나뉘고 필지가 분할되었다. 이 같은 형태로 도심재개발을 시행한 결과 오늘날 우리가 잘 아는 바와 같이 대규모 사무실 건물 중심의 시가지가 형성되었으며, 이러한 도심환경은 비인간적인 스케일과 썰렁한 가로공간, 단조로운 용도 등 도심부 문제

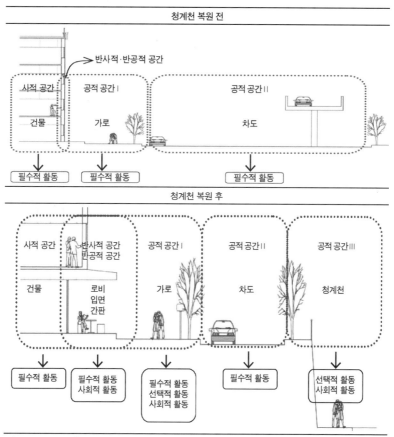

그림 12-2. 청계천 복원 사업 전후 도시공간 및 인간의 활동 비교

자료: 송희숙 외, 「관철동 도시형태 특성 및 변화에 관한 연구」, 105쪽.

의 근원이 되고 있다.

이런 시가지는 지금까지 살펴본 대로 대상지 내외에서 변화가 일어날 때 신속히 그 변화를 수용하거나 변화에 대응하는 측면에서도 큰 차이를 보인다. 따라서 관철동가구와 같은 유연한 도시조직은 경직된 형식의 대규모 철거재개발을 대체하는 대안으로 고려될 수 있다.

4부

도심의 역사성을 살리는 도시재생

도시재생에서는 지금까지의 도심재개발과 달리 기존의 시가지를 새로운 건물을 짓는 데 장애가 되는 지장물이 아니라 역사와 생활과 문화가 담긴 자원으로 본다. 따라서 도시재생 작업에서는 해당 지역의 삶의 역사와 이를 포용하고 지원해온 건축 및 도시계획 유산이 도시의 재생을 위한 언덕이자 붙잡고 버틸 기둥이다.

그동안에도 우리는 역사도심에서 조선시대의 궁궐이나 건조물을 매우 소중히 다루어왔다. 하지만 이런 역사유산과 오늘을 사는 시민의 삶은 유리된 채 존재해왔으며, 역사유산과 연접한 지역과의 관계도 소원했다. 나아가 우리와 친근한 근대시기의 역사유산은 귀하게 평가되지 않았으며, 특히 일제에 의해 만들어진 건축유산 등은 압제의 상징물로서 속히 철거해서 털어내야 하는 기억으로 취급되었다. 아픈 역사도 역사이며, 아프기에 더욱 잊지 말아야 한다. 그래도 최근에는 역사유산에 대한 시민들의 인식이 많이 바뀌면서 다양한 방식으로 역사유산을 우리 생활 및 미래와 연결시키려는 시도가 진행되고 있다. 역사유산을 미술관, 도서관, 민간의 상업시설로 바꾸면서도 역사적 장소와 형태를 유지함으로써 한편으로는 유용한 공간으로, 다른 한편으로는 기억의 실마리를 잊지 않는 장치로 기능하게끔 만들고 있는 것이다. 특히 옛길이나 공공공간의 역사적 가치가 경관적 가치와 함께 평가되고 수용되는 현상은 도심의 환경적 질을 높이고 많은 시민이 공유하는 기억을 회생시키며 도시공간과의 일체감을 형성하는 데 큰 영향을 미칠 것이다.

13

경복궁 복원의 도시계획적 의미[*]

경복궁과 도시의 관계

1995년 단행된 구 총독부 청사의 철거는 그 자체만으로도 흥미를 불러 일으키는 주제였지만 도시계획가에게 더욱 중요한 것은 철거 이후 도시공 간이 과연 어떻게 연출될 것인가 하는 사실이었다.

이런 시각에서 볼 때 경복궁을 복원하는 것은 구 총독부 청사를 철거한 후 그 장소를 어떻게 사용할 것인가에 대한 여러 가지 대안 중 하나였을 것이다. 그러나 근정전과 근정문이 살아 있고 광화문이라는 경복궁의 남 쪽 경계가 어떤 형태로든 복원되어 있는 상황에서 근정문과 광화문 사이

---

* 이 글은 ≪건축가≫ 1993년 11월호의 54~56쪽에 게재되었던 것으로, 일부 사진을 조정·추가하고 문장을 다듬었으며, 마지막에는 2009년 광화문광장이 조성된 후의 소감을 추가했다.

￨ 국가와 도시의 중심축인 광화문광장은 2009년 보행광장으로 재탄생해 시민의 품으로 돌아왔다.
　자료: 서울특별시, 『서울 2009~2010: 도시형태와 경관』.

의 공간이자 구 총독부 청사가 철거된 공간을 다시 궁궐의 형태로 복원하
는 것은 어찌 보면 자연스럽고 당연한 귀결일지도 모른다.

　구 총독부 건물 철거 문제와 경복궁 복원 문제가 정리되어 경복궁이 다
시 위엄 있고 역사성 있는 공간으로 회복되면 오히려 경복궁과 도시가 과
연 어떠한 관계에 놓여야 하는지가 중요한 과제로 대두될 것이다.

　경복궁의 복원은 궁궐과 시민 사이, 역사유적과 도시공간 사이에 새로
운 관계 및 관계 틀을 형성하도록 요구한다. 이러한 시각에서 우리는 광화
문 앞 도시공간의 의미를 새롭게 해석해야 하며 이를 위해 도시공간과 건
축의 역사를 다시 한 번 돌아볼 필요가 있다. 초기 한양의 도성에서 경복
궁의 비중이 막중했던 점을 고려할 때 경복궁과 도시공간 간의 관계는 경
복궁과 주변 산수(山水)와의 관계, 경복궁과 전체 한양도성 간의 관계, 경

▌철거되기 전의 총독부 건물과 그 앞의 광화문(1970).
자료: 국가기록원(관리번호: CET0030498_0007_0001).

복궁과 연접공간 간의 관계 등 다양한 차원에서 조명해야 하지만, 오늘날 상황에서 보면 경복궁과 경복궁 바로 앞 및 옆의 도시공간 간의 관계를 조명하고 해석하는 작업이 가장 절실하다.

경복궁과 한양

널리 알려진 대로 한양의 정도(定都)와 관련해 경복궁이 가진 의미는

▌경복궁과 도시와의 관계(2009). 궁궐축과 도시의 가로축이 약간 어긋나 있다.
　자료: 서울특별시 항공사진 서비스(http://aerogis.seoul.go.kr).

매우 중요했다. 풍수지리라는 지리공간 해석의 중심점에 경복궁이 놓였
기에 종묘, 사직, 육조, 시전행랑의 배치는 물론, 도시 내 주요 시설 및 공
간의 배치도 경복궁을 중심으로 이뤄졌던 것이다.

▌광화문과 그 앞의 육조거리 공간.
　자료: 서울역사박물관 전시모델.

　　이러한 배치에서 두드러진 개념 가운데 하나는 풍수의 혈과 명당의 관
계에 따른 중심과 앞마당의 관계다.[1] 이 개념은 도성의 공간구성에서부터

궁전의 공간구성에 이르기까지 일관되게 지켜졌다. 이러한 맥락에서 볼 때 경복궁 앞에 의정부, 육조 등이 양측으로 늘어섰던 육조거리는 경복궁(중심)의 앞마당으로, 경복궁으로의 진입방향 및 공간을 한정하던 곳이다. 즉, 경복궁과 도시와의 관계를 매개하던 공간이라고 할 수 있다.

당시 육조거리의 특징은 남쪽은 황토현으로 막히고 동대문과 서대문을 연결하던 종로에서 직각으로 방향을 전환해 접근하는, 매우 넓지만 닫힌 광장의 성격을 가졌었다는 것이다.

경복궁과 경성

일제의 식민통치는 경복궁 자체뿐 아니라 도시의 구조에도 매우 큰 영향을 미쳤다. 당시에는 경복궁이 공간적으로 도시 전체에서 차지하는 위치에는 변함이 없었으나 중심의 주체가 바뀌기 시작했다. 일본이 경복궁 내에 구 총독부 건물을 신축하고 이를 중심으로 도시구조를 개편한 것이다. 조선시대에는 남북축을 신성하게 여겨 이 축은 정신적인 것으로 유보한 채[2] 동서축(종로, 시전행랑 등)을 활성화했으나, 일제는 남북축을 구체화해 총독부, 경성부청(서울시청), 조선신궁(남산)의 배치를 도시구조의 골간으로 삼았다. 이러한 일제의 도시 조성 방식에 따라 그때까지 전통적으로 내려오던 경복궁과 도시의 관계는 근본적인 변화를 겪게 되었다.

---

1   유재현, 「혈과 명당과의 관계를 통하여 본 한국 전통건축공간의 중심개념에 관한 연구」, 《울산공과대학 연구논문집》, 10권 2호(1979).
2   광화문 앞 육조거리 공간이 황토현에서 막혀 있는 점, 숭례문(남대문)에서의 진입축이 경복궁 – 육조거리 축과 만나지 않고 남대문로를 통해 종각에서 종로와 만나는 점 등을 통해 이러한 사실을 알 수 있다.

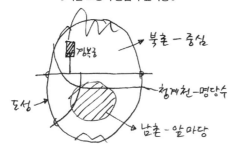

‖ 서울 도성의 중심과 앞마당 ‖

북촌 - 중심

청계천 - 명당수

남촌 - 앞마당

도성

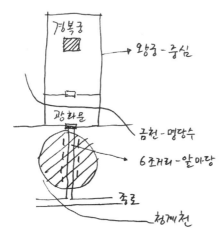

‖ 경복궁의 중심과 앞마당 ‖

경복궁

왕궁 - 중심

광화문

금천 - 명당수

6조거리 - 앞마당

종로

청계천

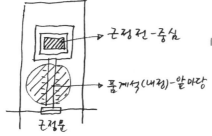

‖ 경복궁 내의 중심과 앞마당 ‖

근정전 - 중심

품계석(내정) - 앞마당

근정문

‖ 혈(중심)과 명당(앞마당)의 관계에 따른 도시공간 분석. 도성 전체로 보면 북촌이 중심이고 남촌이 앞마당이며, 경복궁과 도시의 관계에서 보면 경복궁이 중심이고 육조거리가 앞마당이다. 경복궁 내로 보면 근정전이 중심이고 그 앞의 내정(內庭)이 앞마당이다.

표 13-1. 경복궁과 도시 간의 관계 변화

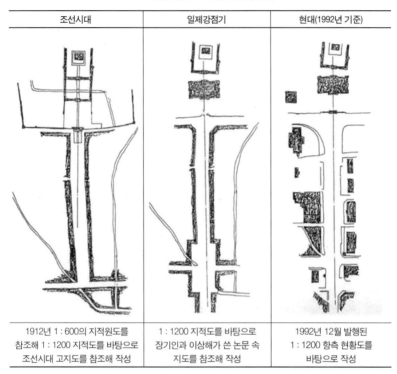

조선시대	일제강점기	현대(1992년 기준)
1912년 1 : 600의 지적원도를 참조해 1 : 1200 지적도를 바탕으로 조선시대 고지도를 참조해 작성	1 : 1200 지적도를 바탕으로 장기인과 이상해가 쓴 논문 속 지도를 참조해 작성	1992년 12월 발행된 1 : 1200 항측 현황도를 바탕으로 작성

우선 신축된 총독부 건물의 좌향(座向)이 기존 경복궁 축과 어긋나 경복궁 앞마당인 육조거리 및 이에 면한 건물들의 배치가 새로운 축을 따라 재편되었다. 또한 황토현을 통과해 남대문으로 이어지는 매우 넓은 도로(예전의 태평로)가 신설되어 육조거리 공간은 닫힌 광장의 공간이 아니라 열린 가로공간이 되었고, 이로써 사방이 건물 등으로 둘러싸이며 형성되었던 도시공간의 짜임새와 긴장감이 감소되었다.[3] 더욱이 육조거리가 끝

---

3   공간의 긴장감이란 건물 등이 광장을 사면으로 둘러싸고 있어 외부 공간이 마치 실내의

나는 곳(종로와 연결되는 곳)에 매우 넓은 직사각형의 황토현광장이 형성되어 육조거리 공간이 지닌 광장공간으로서의 위요감은 더욱 상실되었다.

이 시기부터 보도와 차도가 분리되기 시작해 보행자와 경복궁, 그리고 경복궁 앞마당인 세종로(현 광화문광장) 공간과의 관계도 이전 시대와 달리 도로가 된 광장 양편의 좁은 보도를 중심으로 맺어지게 되었다. 즉, 조선시대와 대한제국기에는 보행자가 광장공간의 중앙을 사용하며 사람이 광장공간의 주인이었으나 일제강점기에는 광장의 중앙을 차에 내어주고 보행자는 좁은 보도로 내몰리면서 사람을 위한 광장은 사라져버렸다. 보행 중심이었던 육조거리광장이 차량 중심의 네거리 황토현 교통광장으로 대체된 것이다.

경복궁과 서울

서울은 광복 이후 지난 70여 년간 매우 큰 변화를 겪었다. 1950~1960년대에 사대문 밖 동쪽과 서쪽으로 시가지가 확장된 데 이어 1970~1980년대에는 한강 남쪽으로 확장되어 서울은 동서남북 할 것 없이 확장되었다. 특히 근래 20~30여 년의 변화가 두드러지는데, 그중에서도 강남지역의 활발한 개발로 서울이 한강 중심의 공간구조로 재편성된 것이 특징적이다. 이런 상황으로 인해 옛 도성 내 지역(이른바 도심부)과 경복궁은 도시의 중심으로서의 의미를 많이 잃었다.

이 시기에 경복궁과 도시 간의 관계에서 중요한 사실은 한국전쟁으로

방과 같이 빈틈없는 짜임새를 가졌거나, 건물과 외부 공간 사이에 그리고 건물과 건물 사이에 기능적·형태적으로 밀접한 관계가 있는 것을 의미한다.

파괴되었던 광화문이 콘크리트로나마 재건축된 것과, 경복궁 앞길인 세종로의 폭이 80m로 더 넓어진 것이다. 광화문의 재건축(흔히 복원이라고 부른다)은 이제까지 잊고 있던 경복궁의 도시 속 의미를 되새겨보는 중요한 계기였으나, 정확한 위치 고증이나 이와 연관된 광화문 앞, 뒤와의 관계 등이 포괄적으로 고려되지 못한 채 단순히 광화문만 재건축하는 단편적인 사업으로 끝나고 말았다.

또한 경복궁 앞 세종로가 일제강점기에 조성된 황토현광장의 폭 이상(건축물이 후퇴된 거리를 포함하면 110m 이상) 넓어짐에 따라 구 총독부 건물의 위용은 더욱 과시되는 반면, 재건축된 광화문은 오히려 왜소하고 초라하게 느껴지게 되었다. 일제강점기에 뚫린 황토현을 통해 남대문으로 연결되는 도로(구 태평로, 현 세종대로)가 신설됨으로써 경복궁 앞마당(육조거리 공간)이 지녔던 둘러싸인 공간감이 대거 훼손되었는데, 여기에 세종로가 확폭되자 경복궁 앞마당은 광장공간으로서의 위요감을 거의 상실했다. 게다가 가로에서 후퇴해 전면에 주차장을 둔 정부종합청사, 공원(광화문시민열린마당)으로 조성된 구 의정부(議政府) 부지, 세종문화회관 북쪽의 세종로공원 등 비어 있거나 버려진 듯한 땅으로 인해 이 공간의 분위기는 더욱 썰렁해졌으며, 이에 따라 경복궁 앞마당을 마당으로 인식하기는 더욱 힘들어졌다.

한편 자동차 통행량이 증가함에 따라 경복궁 앞마당 공간은 보행자에게 더욱 단절되어 진입할 수 없는 공간이 되었으며, 경복궁과 도시의 관계는 더욱 소원해졌다. 자동차 이용자들 역시 경복궁 앞마당은 빨리 통과해서 지나가거나 유턴하는 공간으로 인식해 경복궁과 도시 간의 관계에는 관심을 갖지 않았다.

▌세종로네거리에서 조망한 경복궁(2006). 세종로네거리는 구 총독부 건물의 축과 규모에 따라 넓게 만들어
졌고 가로변의 건물도 높아졌다.

경복궁과 세종로네거리 사이의 건축물들도 세종문화회관 외에는 시민
들의 발길을 그다지 유도하지 못해 경복궁 앞마당은 차들만 넘실거리는
곳이 되고 말았다. 이 시기에 세종로 변에 들어선 대표적인 건축물인 세종
문화회관, 한국통신(현 KT) 건물, 교보빌딩 등은 모두 구 총독부 건물의 규
모와 축에 맞춰 거대하게 지어졌다.

도시공간 회복의 의미와 방향

서울은 일제강점기 이래로 오늘날까지 자신의 중심을 남에게 내어주
거나 그 중심을 잃고 있었다. 경복궁의 복원은 이렇게 볼 때 서울의 중심
을 회복하는 신호다. 앞에서 살펴본 바와 같이 중심의 회복과 도시 질서의

개편 및 회복은 동전의 양면과도 같다. 이는 도시, 나아가 한 나라의 역사를 바로잡는다는 것을 의미하며 동시에 도시공간의 품격을 회복한다는 것을 의미한다. 나아가 도시의 주인인 시민들이 서울의 중심과 앞마당을 충분히 느끼고 음미하도록 만드는 작업이기도 하다.

이 같은 전제하에 경복궁과 도시공간의 관계를 회복하고 해석할 때에는 다음과 같은 접근방향과 원칙을 고려해야 한다.

- 경복궁 축은 광화문 및 도시공간 속에서 해석 및 회복되어야 한다.
- 중심과 앞마당 간의 관계 회복은 경복궁 복원과 더불어 도시공간에서도 이뤄져야 한다.
- 경복궁 앞마당의 도시공간은 둘러싸임으로 인한 공간감을 회복해야 한다.
- 경복궁 앞마당 공간의 수평적·수직적 규모와 공간비례를 적절히 고려해야 한다.
- 경복궁 앞마당 및 앞마당을 둘러싼 가로변의 대지와 건축물의 이용은 역사성과 미래를 고려해서 계획해야 한다.

경복궁 앞마당 공간의 용도와 성격 제안

21세기 우리의 과제는 대외적으로는 국제화·세계화이며 대내적으로는 사회의 문화화다. 국제화와 문화화는 별개의 것이 아니라 상호 긴밀히 맞물려 있다. 즉, 우리 고유의 문화를 발전시켜야만 세계의 한 구성원으로서 인류의 문화발전에 이바지할 수 있는 것이다. 또한 우리가 이즈음 겪고 있는 급격한 산업화·도시화에 따른 여러 문제도 문화의식을 함양함으로

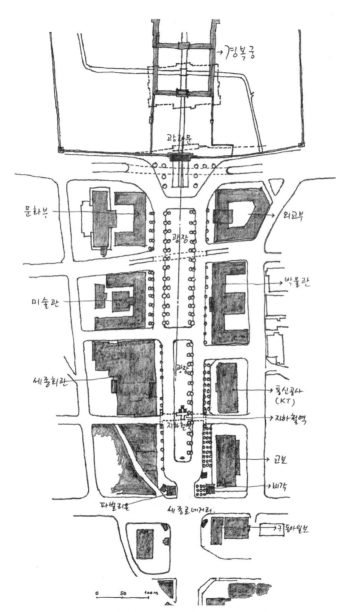

경복궁

광화문

문화부

외교부

광장

박물관

미술관

세종회관

통신공사
(KT)

지하철역

지하철역

교보

비각

타법리온

세종로네거리

동아일보

0 50 100M

┃ 경복궁 앞마당(광화문광장)과 주변의 공간 구성 및 이용계획(안)(1993).

써 대체로 해결할 수 있다.

이런 의미에서 경복궁 앞마당인 세종로의 동쪽과 서쪽에 각각 외무부(현 외교부)와 문화부(현 문화체육관광부)를 배치하는 것이 시대와 장소의 의미에 적합하다. 이는 또한 육조가 위치하던 장소의 역사적 맥락과도 연결된다. 지금까지 경복궁 앞마당인 세종로는 교보빌딩, 현대빌딩 등이 위치한 세종로네거리를 중심으로만 붐볐을 뿐이며, 세종로와 경복궁 사이는 별 볼거리나 재미가 없는 단순하고 딱딱하며 지루한 공간이었다. 이러한 경복궁과 도시 간의 단절을 극복하고 세종로의 역사적 의미를 고양하기 위해 세종로 동쪽과 서쪽에 외교부와 문화부를 배치하고 이와 연계해 박물관이나 미술관을 건립하는 방법도 구상할 수 있다. 그러면 공연예술 중심인 기존의 세종문화회관과 어울려 다양한 문화행위의 구색을 갖추게 될 것이다.

21세기 국제화·문화화의 주역은 무어라 해도 시민이다. 이제 정치적으로나 사회적으로도 시민이 중심이 되는 사회가 형성되었다. 따라서 도시 공간도 시민 중심으로 구성되어야 한다. 이런 맥락에서 경복궁 앞마당인 세종로는 시민들이 마음 놓고 드나들 수 있는 보행광장이 되어야 한다. 이 광장에서 시민들은 바르게 해석된 경복궁과 광화문 간의 축을 통해 역사 공간의 의미를 느낄 수 있을 것이다. 또한 지하철 5호선 광화문역과 광장을 직접 연결한다면 이 광장은 세종문화회관과 새로 들어서는 박물관 등의 앞마당 역할을 하게 될 것이다.

경복궁 앞마당 주변의 교통 및 동선 제안

앞에서 이미 설명한 대로 경복궁 앞에 보행광장을 도입하면 보행자의 동선은 세종로네거리부터 광화문까지 자유롭게 확산될 수 있으며 광장에 면한 문화시설이나 공공업무시설 등으로도 연결될 것이다. 지하철 5호선 광화문역과 광장을 직접 연결한다면 보행동선은 더욱 원활해질 것이다.

자동차 통행을 위해 우선 좀 더 넓은 범위에서 자하문로(청운터널)와 새문안로를 연결하고, 세종문화회관 뒷길을 정비해 효자로와 연결하며, 교보빌딩 뒷길을 정비해 삼청로와 연결한다면 세종로로 교통이 집중되는 현상을 완화할 수 있을 것이다. 광화문 바로 앞은 지하차도를 만들어 사직로와 율곡로를 연결하면 될 것이다. 한편, 세종로 광장을 중심으로 양측의 차도는 일방통행으로 정해 교통의 흐름을 억제·유도하면서 보행자를 우선 고려해야 한다. 신축하는 외무부, 문화부, 박물관 등의 지하에는 주차장을 확보하되 뒤쪽에서 진출입하도록 만들어야 한다.

경복궁 – 광화문 – 앞마당으로 이어지는 도시 축 회복 제안

해방 후 지금까지 세종로 폭의 확장이나 정비는 구 총독부 청사의 축과 규모에 맞춰 실시되었으며, 이에 따라 세종로 가로변에 건축된 정부종합청사나 세종문화회관, 한국통신 건물, 교보빌딩 등은 모두 이 축을 따랐다. 이처럼 축을 변경하는 것은 지어진 역사[4]를 왜곡한다는 문제뿐 아니라, 향후 경복궁이 온전히 복원되면 경복궁–광화문과 도시(세종로 및 주변 건축물) 간의 축을 어긋나게 만들고 세종로 도시공간을 일그러뜨려 광화

---

4   문헌 등 글로 쓰인 것을 쓰여진 역사라고 한다면, 건물이나 시설물로 남아 있는 것은 지어진 역사라고 부를 수 있다. 나아가 그림과 같은 그려진 역사, 또는 소리로 남아 있는 들리는 역사 등도 생각해볼 수 있다. 건축이나 도시계획은 많은 부분 지어진 역사와 관련이 깊다.

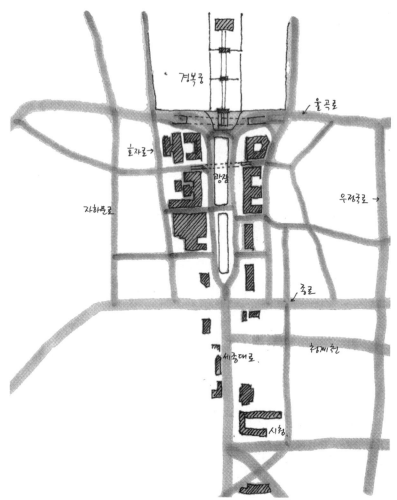

경복궁

울곡로 →

효자로 →

광장

우정국로 →

자하문로

종로

세종대로.

청계천

시청

┃ 경복궁 앞마당을 조성하기 위한 주변 교통계획(안)(1993).

문 또한 비스듬하게 보이도록 하는 문제도 일으킬 것이다.

　이러한 측면에서 경복궁 – 광화문 – 앞마당으로 이어지는 축의 도시공
간에서는 반드시 도시 축 회복을 염두에 두고 광장을 조성하거나 세종로

변에 건축물을 배치해야 한다. 이와 함께 축을 따라 가로수를 심어 조선시대 광화문 앞 공간의 폭 및 축을 구현하고 이 축을 따라 문화부, 외무부, 박물관 등의 신축 건물을 배치한다면 광화문과 도시공간의 역사적 관계가 바르게 인식될 수 있을 것이다.

경복궁 앞마당의 주변 경관 관리 제안

경복궁 앞마당인 세종로 공간은 이미 설명한 대로 통과하는 공간이라기보다는 사면이 닫힌 광장이었다. 광화문을 비롯한 광장 주변의 육조 건축물들과 황토현 구릉은 꽉 짜인 일체로서 광장을 둘러싸던 요소였다. 하지만 그동안의 도로 확장 및 개설, 그리고 가로에 열린 비연도형 건축물의 배치로 인해 둘러싸인 외부 공간으로서의 광장의 공간감은 사라져버렸다. 그리하여 세종로 공간은 고층 건물들이 상호 연관 없이 여기저기 서 있고 통과하기에 바쁜, 도무지 의미 있는 도시 외부 공간이라고 할 수 없는 곳이 되어버렸다. 도시공간의 공간감을 회복하기 위해서는 외무부, 문화부 및 박물관을 가로에 면해 건축하는 연도형 건축 배치[5]가 필수적이다. 또한 세종로와 종로가 만나는 곳을 기존의 비각, 계획 제안된 파빌리온, 그리고 가로수 등을 통해 적절히 좁힌다면 세종로 공간의 둘러싸인 공간감이 극적으로 증진될 것이다.

그동안 넓은 도로, 높은 건물로 인해 잃어버린 경복궁과 그 앞마당 간의 조화는 문화부, 외무부 등의 건축물 높이를 5층 정도로 낮추고 예전의 육조거리 폭을 나타내도록 수목들을 나란히 식재함으로써 다시 회복할 수 있을 것이다. 그리하여 광화문과 경복궁, 그리고 백악산은 세종로 주변의 고층 건물에 압도되는 왜소한 요소가 아니라 세종로 광장과 적정한 높이의 주변 건물이 만들어내는 축의 중심에 자리 잡은 위엄 있는 경관요소가 될 것이다.

도시공간 질서를 회복한 세종로

지금까지의 글은 1993년 ≪건축가≫에 게재한 제안을 부분적으로 수정한 것이다. 이미 잘 알려진 대로 세종로라는 도로는 2009년 7월 광화문

---

5   도시 내의 블록 내 대지는 건물이 가로와 밀접히 대응하며 가로를 둘러싸서 가로공간을 만드는 연도형 가구와, 가로와 관계없이 대지 내에 자유롭게 건물이 배치된 비연도형 가구로 나눌 수 있다. 전통적인 도시건축은 대체로 연도형 가구이지만 근대 건축 사조에 따라 비연도형 가구가 대거 등장했다. 이로 인해 가로공간이 활성화되지 못하고 차량 중심의 도로가 되었다는 비판이 제기되고 있다. 11장 '도시건축 유형과 도시공간의 질' 참조.

지하철 광화문역에서 광화문광장으로 올라가는 경사로(2010). 1993년 제안한 내용이 실현되어 경사로를 따라 서서히 세종대왕상과 광화문이 나타나고, 그 뒤로 경복궁과 백악산이 전개되는 연속적인 경관이 연출된다.

광장이라는 보행광장으로 변화했다. 1993년에 구상한 제안이 16년이 지난 뒤 실제로 현실화되다니 참으로 반갑고 놀라울 따름이다. 필자가 제안했던 것처럼 지하철 5호선 광화문역과 광장이 직접 연결되어 경사로를 통해 광화문광장으로 올라가다 보면 세종대왕상과 백악산의 실루엣이 서서히 전개되고, 뒤이어 광화문과 그 앞마당인 광장, 좌우로 늘어선 건물들이 서서히 나타난다. 광장 중앙에 서서 멀리 북쪽으로 시선을 돌리면 멀리 백악산과 보현봉이 보이므로 광화문광장은 도심에서 역사적 조망과 현대의 어우러짐을 즐기기에 부족함이 없는 구도를 갖추고 있다.

물론 몇 가지 아쉬움도 남는다. 다행히 이전의 문화관광부 건물은 대한민국역사박물관으로 바뀌어서 용도나 건물의 배치, 규모 면에서 광장에 잘 기여하리라 기대되지만, 정부종합청사 앞 주차장과 그 건너편의 광화문시민열린마당, 세종로공원 등 광화문광장을 둘러싼 주요 부지는 아직 비어 있어서 광장의 공간적 위요감과 긴장감을 형성하는 데 기여하지 못하고 있다. 또한 일부 건물은 지금보다 훨씬 높게 지으려는 계획을 갖고 있기도 하다. 이들은 이 공간의 주인이 총독부 건물에서 재건축된 광화문으로 바뀐 것을 애써 외면하거나 아직도 인식하지 못한 채 광화문광장의 주인을 광화문이 아닌 자신들의 건물로 만들려고 하고 있는 것이다.

이제 이 공간은 주인인 광화문의 규모와 축 등을 고려하며 관리되어야 한다. 과거 개발시대에 세종로네거리 모퉁이에 고층사무실 건물을 짓도록 허가한 것을 두고두고 후회하는 상황에서 또 다른 건물이 고층으로 지어진다면 광장의 광장다움과 공공성은 크게 훼손될 것이다. 앞으로 전문가들과 시민들이 눈을 크게 뜨고 지켜봐야 할 일이다.

14

재개발과 역사환경 보전

근대 역사 건축물과 도심재개발

서울 도심의 역사유산 하면 사람들은 흔히 조선시대의 유산을 떠올린다. 그러나 서울은 조선시대의 수도이기도 했지만 일제강점기는 물론 해방 이후 지금까지도 계속 대한민국의 수도로서 우리나라의 사회·문화·경제를 견인해왔다. 그러므로 논리적으로 보자면 오늘날과 가까운 역사유적이 더 많아야 이치에 맞다. 그러나 문화재에 대한 관심이 궁궐이나 성곽에만 고정되어온 탓에 우리에게 친근하면서도 유용한 근대의 건축 및 도시 유산들은 그간 소홀히 취급되어왔다. 이 때문에 지난 40여 년간 도심재개발을 통해 근대 역사유적이 많이 사라져도 사회적으로 크게 문제 삼지 않았다.

우리나라의 근대 유산은 대체로 일제강점기에 생성되었기에 이들 유

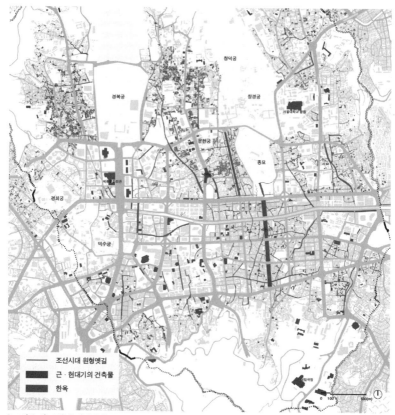

▍도심부 내 근현대 역사자산.

산을 유지 보존하려는 노력을 심정적으로 적게 기울였음도 부인할 수는
없다. 그동안 서울에서는 재개발이나 신개발로 인해 수많은 건물(특히 민
간의 건물)이 헐렸는데, 주요 공공건물 중에는 구 총독부 건물이 논란 끝에
헐렸으며 지금은 구 서울역, 구 서울시청, 한국은행 등 일부 공공건물만
남아 있는 실정이다. 그러나 좀 더 자세히 조사한 자료에 따르면 서울 도
심에는 아직도 일제강점기의 건축물이 많으며, 해방 이후 및 특히 1960년
대 이후 지어진 역사적으로 의미 있는 건축물도 도심에 아직 남아 있는 것

으로 나타났다. 도심재개발에서 근현대 역사 건축물을 어떻게 취급할 것인가 하는 문제는 이제 도시관리에서 매우 중요한 과제로 대두되었다.

도심부 관리와 재개발

어느 도시에서나 도심부는 매우 다양한 도시활동이 일어나는 곳이자 접근성이 매우 우수한 곳이다. 나아가 역사적이라는 프리미엄이 붙어 상징적인 가치까지 더해진 아주 매력적인 곳이다. 그러기에 도시의 많은 기능은 경쟁적으로 도심에 자리 잡고 싶어 하며, 이는 도심부의 토지 및 건물 가격을 상승시키는 주요한 원인이다. 그러기에 시장중심적인 사회에서는 가격경쟁력에서 앞서는 용도나 시설이 도심부를 독점할 가능성을 배제할 수 없는데, 이로 인해 앞에서 살펴본 바와 같이 서울에는 사무실 건물 중심의 단조로운 도심이 형성되었다. 그동안 서울에서의 도심재개발은 특정한 용도(예를 들어 업무용도와 일부 상업용도)가 도심부를 독점하기에 좋은 수단으로 사용되어왔다. 따라서 도심부에는 이런 단일용도화를 막기 위한 별도의 도시계획적 개입이 필요하며, 서울과 같이 내사산과 성곽으로 공간적 영역이 매우 분명히 구분된 역사적 도심부에는 이러한 한정된 공간범위를 계획적으로 관리하는 일이 더욱 필요하고 중요하다.

서울도 2000년 이후로는 도심부를 도심부관리기본계획[1]이라는 별도

---

1   도심부를 관리하는 계획은 2000년 도심부관리기본계획, 2004년 청계천복원에 따른 도심부발전계획, 2014년 역사도심관리기본계획 등으로 변화해왔다. 2000년과 2004년에 수립된 계획에서는 도시계획조례에 따라 도심부를 율곡로와 퇴계로 사이의 상업지역으로 한정했다. 그러나 2014년 수립된 역사도심관리기본계획에서는 공간적 범위를 한양도성으로 둘러싸인 곳까지 확장했다. 이에 따라 북촌, 서촌, 혜화동, 필동, 회현동 등 주거지도 계획에 포함되었다.

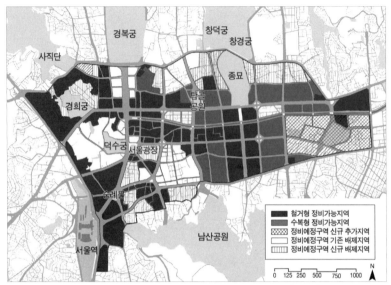

경복궁 창덕궁 창경궁

사직단 종묘

경희궁 탑골공원

덕수궁 서울광장

숭례문

서울역 남산공원

철거형 정비가능지역
수복형 정비가능지역
정비예정구역 신규 추가지역
정비예정구역 기존 배제지역
정비예정구역 신규 배제지역

0 125 250 500 750 1000   N

▌도심부 정비수법 도면(2010). 정비가능지역은 재개발계획으로, 정비예정구역 배제지역은 지구단위계획으로 관리하고 있다.
　자료: 서울특별시, 「2020년 목표 서울특별시 도시환경정비기본계획: 본보고서」, 64쪽을 바탕으로 작성.

의 공간적·계획적 장치를 통해 관리해왔다. 이러한 상위의 도심부계획을 구체적으로 실현하기 위한 도시계획적 수단은 크게 세 가지로, 재개발계획(도시환경정비기본계획 및 사업), 지구단위계획, 일반적인 도시계획(용도지역지구, 도시계획시설 등)이다. 도심부 내의 공간은 이 세 가지 수단으로 구분되어 관리되고 있는데, 별도로 내사산 자락에 공원으로 지정되거나 궁궐 등 문화재로 지정된 곳도 있다. 이 중 지구단위계획이나 일반적인 도시계획으로 관리되는 곳은 비교적 점진적으로 변화할 것으로 예상되지만, 재개발계획으로 관리되는 곳은 변화가 대규모적이고 단기간에 일어난다는 점에서 역사환경 보존 측면에서 우려가 큰 지역이다.

　도시에서 재개발을 시행하는 곳은 크게 도심지와 주거지다. 그러나 안타깝게도 어느 도시나 재개발을 시행해야 한다고 생각하는 도심지는 그 도시의 오랜 발전과 변화를 드러내는 역사적 장소와 건조물을 가장 많이 보유한 곳이다. 도시재개발에서도 일찍이 이런 문제를 파악해 재개발을 철거재개발, 수복재개발, 그리고 보전재개발로 분류했다.[2] 그리고 이 개념은 우리나라의 도시재개발 법제에도 다음과 같이 도입되었다.[3]

현재 시행되는 재개발사업은 통상 모든 건축물을 철거한 후 새로운 건축물을 건축하기 때문에 보존가치가 있는 전통 건물이나 상태가 양호한 건물까지 철거하여 자원낭비가 초래될 뿐 아니라 민원이 야기되므로 앞으로는 전면 철거재개발 방식 이외에 사업 시행자가 구역 내 공공시설만 정비하고 건축물은 건축물 소유자로 하여금 개량하게 하는 수복재개발 방식, 전통 건물 등 보존가치가 있는 건축물을 보존할 수 있게 하는 보전재개발 방식을 채택할 수 있도록 하기 위해 재개발기본계획에 이를 명시하도록 함.

그러나 그동안 우리나라는 주로 철거재개발을 시행해왔고 이에 따라

---

2   이 같은 개념은 이미 우리보다 앞선 서구의 재개발 경험에서 나온 것으로, 도시재개발 (urban renewal, 도시재생이라고 번역하는 게 더 적절했을 것이다)이라는 용어를 철거재개발, 수복재개발, 보전재개발로 구분하는 것이 일반적이었다.

3   1990년 7월 6일 '도시재개발법 시행령' 제3조 제2항의 제·개정 이유 주요 골자는 다음과 같다. "② 제1항의 재개발기본계획에는 재개발의 기본방향, 재개발구역(이하 '구역'이라 한다)의 지정대상범위, 교통계획, 토지이용계획, 공급처리시설계획, 공공시설계획, 공공 건축시설계획, 건축시설에 대한 건폐율 및 용적률 조성계획, 단계별 투자계획과 수복재개발·보전재개발 또는 철거재개발 등의 재개발 시행방식 등이 포함되어야 한다. 〈개정 1990.7.6.〉"

우리나라에서는 재개발 하면 곧 철거재개발을 의미하게 되어버렸다. 이에 비해 수복재개발이나 보전재개발은 앞의 법규 개정 이유에서 밝힌 바와 같이 개념은 분명하나 시행기간의 장기화, 공공시설 비용부담 기피 등으로 인해 현실에서는 거의 시행되지 않았다.

철거재개발은 기반시설 비용을 주로 사업시행자인 민간이 부담하는 데 반해 수복재개발은 일괄적인 대규모 재개발이 아니라서 기반시설 비용을 구역 내 토지 소유주들이 공평하게 부담하도록 하고 있는데, 그 과정이 매우 복잡하고 어렵다. 또한 공공부문도 이 비용을 부담하기 꺼려하고 있는 실정이다. 그리하여 수복재개발된 사례는 1990년 제도가 도입된 이후 지금까지 25년간 단 하나도 없으며,[4] 보전재개발된 사례도 서울 도심부에서 두 건뿐이다. 특히 수복재개발은 철거재개발로 가기 전 단계에 잠정적으로 지정하는 정도로 취급되었다. 나아가 재개발기본계획은 '철거 또는 수복재개발 중 선택'을 허용하는 식으로 운영되었으므로 재개발 주체는 대부분 철거재개발 쪽을 선택했다.

수복재개발과 보전재개발

도심부 정비예정구역 도면에서 보듯 도심부는 대부분 재개발이 가능한 정비예정구역으로 지정되어 있다. 조선시대의 역사유적인 궁궐과 종

---

[4]　2014년에는 공평재개발구역 8지구(승동교회)와 주변이 소단위 맞춤형 재개발 방식으로 개정되었다. 이 역시 수복재개발의 한 방식이라고 볼 수 있으나, 앞서 말한 바처럼 사업시행자가 공공시설을 정비하고 건물은 각 소유자가 개량하게 한다는 것과는 거리가 있다. 결국 소단위 맞춤형 재개발이란 소규모 단위로 철거재개발을 하는 것을 의미한다고 할 수 있다.

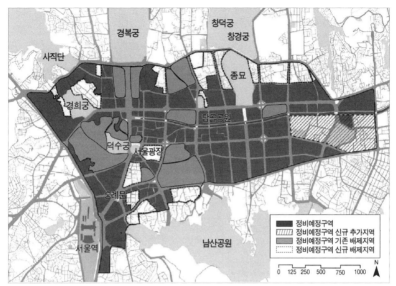

정비예정구역
정비예정구역 신규 추가지역
정비예정구역 기존 배제지역
정비예정구역 신규 배제지역

0 125 250 500 750 1000

▌2010년 도심부 정비예정구역 도면. 율곡로－퇴계로 사이는 거의 대부분 도심부가 재개발할 수 있는 정비
예정구역으로 지정되어 있다. 2010년에 수립된 계획에서는 이전에 비해 종묘 주변 등 재개발할 수 없는 정
비예정구역 배제지역(흰색 부분)이 그나마 늘어났다.
자료: 서울특별시, 「2020년 목표 서울특별시 도시환경정비기본계획: 본보고서」, 61쪽.

묘, 그리고 그 주변을 비롯해 관철동, 광장시장, 명동 등 한국전쟁 후 복구
사업을 위해 토지구획정리사업이 진행된 지구들만 재개발 대상에서 제외
되어 있을 뿐이다. 이렇게 재개발이 계속 시행된다면 서울의 역사도심은
머지않아 초고층 건물이 즐비한 국적불명의 도시가 될 것이다. 향후 정비
예정구역을 대폭 폐지하고 점적·면적인 역사문화자원을 보호하는 방향을
찾는 것이 서울의 도시 정체성을 찾는 지름길임은 매우 분명하다. 이와 함
께 재개발을 시행해야 하는 지역에서도 기존 도시조직을 존중하는 수복재
개발이나 보전재개발을 어떻게 활용할 것인가가 매우 중요한 과제로 등장
했다.

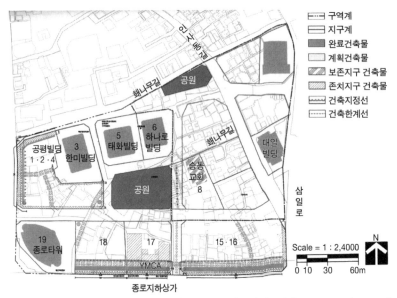

⊏⋯⊐	구역계
⊏⋯⊐	지구계
■	완료건축물
□	계획건축물
⧅	보존지구 건축물
⧄	존치지구 건축물
⊏⊐	건축지정선
⊏⋯⊐	건축한계선

Scale = 1 : 2,4000

0 10   30   60m

▌ 보전재개발지구로 지정된 공평재개발구역 8지구의 승동교회와 주변 지구 위치도. YMCA(17지구)는 존치
건물이지만 철거할 경우 신축 시 지켜야 하는 건축선 지정 등이 종로 변에 있는 것으로 보아 보전재개발을
고려하고 있지 않은 듯하다.
자료: 서울특별시, 「2020년 목표 서울특별시 도시환경정비기본계획: 구역별 개발유도지침」 (서울: 서울특
별시, 2010), 93쪽.

　　보전재개발 역시 재개발이라는 이름이 붙어 있으므로 재개발 방식 가
운데 하나다. "보전재개발 수법은 도시환경정비구역(재개발구역) 내에 역
사문화유산이 있을 경우 이를 보전하면서 정비사업을 시행하는 방식으로,
도심부에서는 주로 근대 건축물이 포함된 사업지구가 그 대상이 될 수 있
다"[5]라고 정의한 데서 드러나듯이 한 지구 내에서 보전되는 건물 외의 나
머지 부분은 정비사업, 즉 (철거)재개발사업을 염두에 두고 있다. 보전재

5　　서울특별시, 「2020년 목표 서울특별시 도시환경정비기본계획: 본보고서」, 63쪽.

▌ 공평재개발구역 8지구의 승동교회 측면. 역사적인 조적조 건물의 외관이 잘 드러나 있다.

개발이든 수복재개발이든 간에 일단 재개발이므로 역사환경의 보전에는 부정적인 영향을 미칠 확률이 크다. 이 때문에 많은 전문가들은 역사문화자원을 보유한 지구는 도시환경정비구역에서 배제하자는 주장을 펼쳐왔다. 2010년에 수립된 서울의 도시환경정비기본계획은 이런 측면에서 볼 때 주요 문화재 주변이나 도심에서 개별 문화재가 모여 있는 곳을 정비예정구역 지정에서 배제한 진일보한 계획이라고 할 수 있다.[6] 앞으로도 좀 더 세심한 연구와 분석을 통해 정비예정구역 지정에서 배제하는 곳의 범위를 더 넓혀가야 하겠지만, 그럼에도 정비예정구역 또는 정비구역 내에

6   같은 글, 60~65, 89~92쪽.

서 역사자원을 어떻게 다루어야 할 것인가는 계속 과제로 남아 있다.

시행 중인 '도시 및 주거환경정비법'을 보면 도시 및 주거환경정비기본
계획을 수립할 때에는 역사적 유물 및 전통 건축물의 보존계획을 수립하
도록 명시하고 있어[7] 재개발을 하더라도 역사문화자원을 보호하도록 제
도적으로 요구하고 있다. 여기서 다행인 것은 역사적 유물이나 전통 건축
물이 꼭 문화재로 지정된 것만 의미하지는 않는다는 사실이다. 이는 향후
재개발에서는 잠재적으로 문화재적 가치가 있는 건조물까지 포함해서 보
전재개발 또는 수복재개발의 방식을 적용할 필요가 있음을 의미한다.

따라서 실제 재개발에서는 지정문화재뿐 아니라 지정문화재가 아닌
건조물에도 보전재개발 방식을 적용하고 있다. 보전재개발이란 보전의
대상이 되는 건물을 포함해 재개발지구를 지정하고 재개발사업 시 지구
내 보전대상 건물을 제외한 나머지 잔여지를 (철거)재개발하는 것으로, 일
종의 용적이전[8]이 한 지구 내에서 일어날 수 있는 형태다(재개발 후에는 대
체로 하나의 대지가 된다). 서울 사대문 안 도심부 구역에는 2008년 기준 총
29곳의 지정문화재(등록문화재 포함)가 있으며, 그중 〈표 14-1〉의 다섯 곳
은 정비구역 내에 위치하고 있어 보전재개발 방식을 적용해야 하는 대상
으로 제시되고 있다.[9]

---

7   '도시 및 주거환경정비법' 제3조(도시주거환경기본계획의 수립) 제1항 제12호 및 시행령
    제8조(기본계획의 내용) 제4호.
8   용적이전이란 보전되는 건물이 충분히 사용하지 못한 용적을 당해 대지 내 잔여지의 신
    축 건물로 이전하거나 더 나아가 당해 구역 내 다른 대지로 이전해 사용할 수 있도록 하
    는 개념이다. 개념적으로는 성립하지만 실제로 서울 도심재개발에서는 이런 용적이전이
    일어나지 않았다.
9   서울특별시, 「2020년 목표 서울특별시 도시환경정비기본계획: 자료집 I」(서울: 서울특

표 14-1. 보전재개발 방식을 적용해야 하는 지정문화재

문화재명	문화재 유형	소속 지구	위치	비고
광통관	시지정 기념물	을지로2가재개발구역 2지구	광교 신한은행 옆	미시행
구 제일은행 본점	시지정 유형문화재	남대문로재개발구역 10-1지구	신세계백화점 본관 옆	미시행
구 동아일보 사옥	시지정 유형문화재	서린재개발구역 17-2지구	세종로네거리	기시행
승동교회	시지정 유형문화재	공평재개발구역 8지구	종로 YMCA 뒤	미시행
구 미문화원	등록문화재	을지로1가재개발구역 4지구	을지로입구	미시행

이 중 광통관과 승동교회는 지구 내에 문화재를 제외하고도 잔여지가 있기 때문에 앞서 설명한 것과 같이 보전과 철거를 합한 형태의 보전재개발이 가능하다. 그러나 구 제일은행 본점이나 구 미문화원은 지구 내에 잔여지가 거의 없기 때문에 앞서 정의한 보전재개발이 불가능하다. 반드시 재개발을 해야 한다면 보전되는 건물의 파사드만 살려서 이를 신축하는 건물의 한 부분으로 통합하는 궁색한 방법만 있을 뿐이다. 그러나 구 제일은행 본점은 지정문화재이기 때문에 철거할 수 없으므로 파사드만 살리는 방법이 불가능하며, 구 미문화원은 등록문화재이기에 어느 정도 변형이 가능해서 파사드 등 일부를 보전하는 방법을 적용할 수는 있으나[10] 역사적 건조물의 진정성은 많이 훼손될 수밖에 없다. 구 동아일보 사옥은 재개발이 완료된 곳으로 추후 자세히 살펴볼 것이다. 한편, 2001년 도심재개발 기본계획에서는 신세계백화점 본관도 보전재개발 대상지에 포함되어 있

별시, 2010), 62쪽.

10 등록문화재 가운데 건물은 외관의 1/4 이상이 변경될 경우 신고를 해야 한다. '문화재보호법 시행규칙' 제39조.

었으나 2010년 수립된 도시환경정비기본계획에서는 신세계백화점 본관이 빠지고 구 제일은행 본점이 추가되어 이 다섯 곳을 보전재개발 대상지로 언급하고 있다.

보전재개발 방식과는 별도로 도시환경정비기본계획에 따라 존치지구(또는 존치 건물)로 지정된 지구도 있다.[11] 존치 건물은 대체로 두 가지 종류로 나뉘는데, 하나는 재개발구역 내 건물 중 아직 노후하지 않은 비교적 양호한 건물이며, 다른 하나는 아직 문화재로 지정되지는 않았지만 오래되어 역사적 가치가 있다고 판단되는 건물이다. 재개발구역 내에 존치지구를 지정하는 것도 역사적 건물의 철거(재개발)를 일단 유보시키는 방법 중 하나다. 물론 이들 존치된 지구의 미래는 향후 학술적 연구를 통해 존치 건물의 가치를 어떻게 규명하는지, 또는 시민들이 그 건물의 역사적 가치를 어떻게 인식하는지와 밀접한 관계가 있다. 도시환경정비기본계획의 「구역별 개발유도지침」 보고서에서는 상태가 아직 양호한 존치 건물이 속한 지구에도 향후 (철거)재개발 시 지켜야 하는 건축선, 주차출입구 등을 표시하고 있어 존치지구가 한시적이고 임시적임을 암시한다. 또한 역사적 가치를 지닌 존치 건물은 보존하도록 요구하고 있지만 구체적인 보존 방법에 대한 사항은 없다. 서울의 2010년 도시환경정비기본계획에 따르면 남대문교회(양동재개발구역 10지구), 성남교회(동자동구역 3-2지구)는

---

11 '도시 및 주거환경정비법'에서는 존치지구라는 용어를 별도로 정의하지 않으나 서울시의 도시환경정비기본계획 보고서에서는 이 용어가 사용된다. 존치지구란 정비구역 내에 있으나 법 제2조(정의) 제3호의 노후불량 건축물에 속하지 않는 건물을 포함하는 지구를 이른다. '도시 및 주거환경정비법 시행령' 제13조의4(행위허가의 대상 등) 제3항 제4호에서는 "정비구역 안에 존치하기로 결정된 대지……"라는 말로 존치지구(또는 존치건축물)라는 용어를 암시한다.

연세세브란스

퇴계로

쌍화정길

8 GS 건설

대우재단빌딩 SK 남산빌딩 5

한강로

9 대우빌딩

10 남대문교회 4-2·7 힐튼호텔

남대문경찰서

4-1 CJ 본사

산유화길

1 시티타워

2 STX

3

게이트웨이타워

후암동길

| 구역계
| 지구계
■ 완료건축물
□ 계획건축물
▨ 보존지구 건축물
▧ 존치지구 건축물
〰 건축지정선
⁝ 건축한계선

Scale = 1 : 2,4000

0 10 30 60m

N

▌양동재개발구역 10지구의 남대문교회 위치도. 존치지구로 지정되어 있어 건물의 보존이 요구된다.
　자료: 서울특별시, 「2020년 목표 서울특별시 도시환경정비기본계획: 구역별 개발유도지침」, 242쪽.

역사적 의미를 지니고 있어 건물 보존이 요구되는 존치지구의 사례다. 그러나 근대적 건물로서 많은 전문가가 보존의 필요성을 주장하는 종로2가의 YMCA 건물(공평재개발구역 17지구)은 단지 불량하지 않은 건물이라서 존치된 사례로 건물이 철거될 수도 있을 것으로 예상된다. 이에 「구역별 개발유도지침」에는 향후 (철거)재개발 시 지켜야 하는 건축선, 공개공지 등이 지정되어 있다.

2010년 「서울시 역사문화경관계획」에서는 역사문화 지층을 다양화하기 위해 근현대 역사문화유산의 보전·활용을 제안하면서 도심부의 역사경관을 형성하는 주요 건축물로 근현대 건축문화유산 90점을 제시했다.[12] 서울의 경우 도심부의 상당 부분이 재개발구역으로 지정되었거나 정비예정구역이므로 다양한 계획에서 언급한 정부 보호·비보호 문화재를 향후 재개발에서 어떻게 다룰 것인가가 매우 중요한 과제다.[13]

도심의 보전재개발 사례

그동안 도심재개발에서는 보전재개발하는 경우가 매우 적었다. 근대 건축물의 경우 이미 재개발구역으로 지정되기도 전인 1970~1980년대에 철거된 경우가 많았으며, 재개발구역으로 지정된 후에는 어차피 헐릴 것으로 낙인찍혔기에 소유주들이 문화재로 지정되기를 꺼렸다. 문화재로 지정되면 당해 건물의 사용에 제약이 따를 뿐만 아니라 주변의 잔여부지에도 문화재 주변 건축물 높이 기준('서울시문화재보호조례' 제19조, 앙각규정이라 칭함)이 적용되어 개발에 제한을 받기 때문이다.

남대문로재개발구역 10-2지구(신세계백화점 본관)

신세계백화점 본관은[14] 보전재개발이 실행된 대표적인 사례다. 이 지구는 2001년 도심재개발기본계획에서 보전재개발 대상에 포함되었으며

---

12 서울특별시, 「서울시 역사문화경관계획」(서울: 서울특별시, 2010), 123~127쪽. 이는 문화과에서 이미 조사 작업한 등록보존 검토 대상 건조물들이다. 「서울 사대문안 역사문화도시관리기본계획」에서도 도심부 내의 근현대 건축유산으로 400개가 넘는 건물을 신규로 검토했다. 서울특별시, 「서울 사대문안 역사문화도시관리기본계획」(서울: 서울특별시, 2012), 62~80쪽.

13 이 글에서는 편의상 문화재를 지정문화재('문화재보호법' 제2조에 따라 보호를 받는 지정문화재와 등록문화재 등)와 문화재로 지정되지 않은 비지정문화재로 구분한다. 비지정문화재라고 해서 대상물의 역사적·심미적·사회적 가치가 반드시 낮은 것은 아니다.

14 본관은 10-2지구이며 서쪽 옆은 10-1지구(구 제일은행 본점)이다. 본관의 남쪽(뒤쪽) 신관은 17지구다.

신세계백화점 본관은 보전대상 근대 건축물로 지정되었다.[15] 같은 10지구 내에 있는 구 제일은행 본점 건물은 이미 1989년 시지정문화재로 지정되었다. 그러나 2010년 도시환경정비기본계획에서는 재개발이 완료되었다는 이유로 신세계백화점 본관은 보전재개발에서 제외했다.[16]

대규모 재개발지구였던 이 지구는 신관의 건축을 신속히 진행하기 위해 2000년 17지구와 10지구로 분리되었다. 그 후 2004년 10지구는 신세계백화점 본관의 리노베이션을 진행하기 위해 다시 10-1지구(구 제일은행 본점)와 10-2지구(신세계백화점 본관)로 분리되었다. 2005년 신관이 완성되고 본관은 외관과 내부 일부를 보전하면서 리노베이션되었지만 문화재로 지정되지는 않았다.

보전대상 건조물이 지정문화재인지 비지정문화재인지는 재개발사업에 매우 큰 영향을 미친다. 신세계백화점 본관의 경우 보전재개발지침과 협의에 따라 외관과 내부 일부를 보전했으나 문화재로 지정되지는 않았다. 만일 본관이 재개발사업을 시행하기 이전에 문화재로 지정되었더라면 주변 지역(17지구 포함)은 문화재 주변의 앙각규정에 따른 높이제한을 받아 신축에 제한을 받게 되며, 본관의 리노베이션도 문화재현상변경허가 등('서울시문화재보호조례' 제20조) 복잡한 절차를 거쳐야 했을 것이다. 이같이 하나의 지정된 문화재는 스스로 문화재로서 보전되는 데에만 그치지

---

15 서울특별시, 「서울시 도심재개발기본계획」(서울: 서울특별시, 2001), 93~95쪽; 서울특별시, 「서울시 도심재개발기본계획: 도심재개발사업 유도방향」(서울: 서울특별시, 2001), 103, 105쪽.

16 서울특별시, 「2020년 목표 서울특별시 도시환경정비기본계획: 구역별 개발유도지침」, 218쪽 도판.

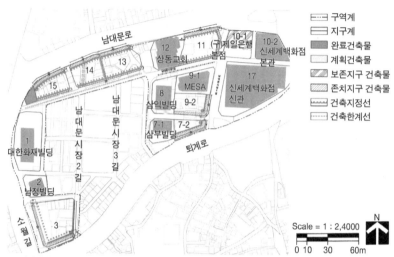

구역계
지구계
완료건축물
계획건축물
보존지구 건축물
존치지구 건축물
건축지정선
건축한계선

Scale = 1 : 2,4000
N
0 10   30   60m

▌보전재개발지구인 남대문로재개발구역 10-1지구(구 제일은행 본점)와 10-2지구(신세계백화점 본관)의 위치도.

자료: 서울특별시, 「2020년 목표 서울특별시 도시환경정비기본계획: 구역별 개발유도지침」, 218쪽.

▌보존된 신세계백화점 본관(10-2지구) 뒤에는 신관(17지구)이 들어서 있으며 오른쪽에는 구 제일은행 본점(10-1지구)이 위치하고 있다.

않고 연접한 지구에까지 영향을 미쳐 개발을 억제시키고 결과적으로 주변을 포함한 역사문화환경을 보호하는 역할을 한다.

그러나 재개발기본계획의 보전재개발지침과 이에 따른 건물주와의 협의에 따라 보전된 근대 문화재인 신세계백화점 본관은 보전재개발 사례로서 어느 정도 성과를 이루었지만 취약한 부분이 있는 것도 사실이다. 무엇보다 지정된 문화재가 아니므로 향후 역사문화재 변경에 공공부문이 세세하게 개입할 수 없다는 것이 가장 아쉬운 점이다. 실제로 신세계백화점을 보전(정확히는 수복)[17]하는 과정에서 재료 선택 등을 신중히 해서 파사드를 더욱 세심하게 보전했더라면 신세계백화점은 더 고풍스러운 모습을 간직할 수 있었을 것이다. 따라서 단순히 건물이 재개발에서 헐려나가지 않고 서 있다는 수준의 보전을 넘어 건물의 형태와 공간을 좀 더 세심히 보전할 수 있는 장치를 마련할 필요가 있다.

이같이 도시환경정비기본계획에서는 보전재개발을 요구하고 있기는

---

17 역사보전에서는 보전행위를 크게 네 가지로 구분한다. 첫째, 보존(preservation)으로, 현재의 모습을 그대로 보존하는 것을 말한다. 둘째, 복원(restoration)으로, 현존하는 역사적 건물을 특정 시기의 모습으로 보존하기 위해 특정 시기 이후에 변형되거나 추가된 부분을 걷어내는 것이다. 셋째, 수복(rehabilitation)으로, 역사적 건물의 역사성을 드러내는 중요한 부분은 보존하되 그 외의 부분은 변경이나 증축 등을 통해 오늘날에서도 잘 사용할 수 있도록 만드는 것으로, 근현대 역사 건조물에 가장 흔히 사용되는 방법이다. 넷째, 재건축(reconstruction)으로, 지금은 없어진 역사적 건물을 엄밀한 고증을 거쳐 그 자리에 다시 건축하는 것이다. 오늘날 우리나라에서 말하는 복원은 대부분 재건축을 의미한다. 보존과 보전은 혼용되어 쓰이기도 하고 때로는 조금 다른 의미로 쓰이기도 하는데, 보존은 현재 있는 모습을 그대로 유지하는 것을 의미하고, 보전은 역사자원의 역사적 특징은 유지하되 다양한 방식으로 현재 및 미래의 요구에 대응하는 변화를 허용하는 것을 의미한다고 할 수 있다.

하지만, 현실에서는 보전재개발이 다양한 개발경제성을 고려한 범위 내에서 이뤄진다는 사실을 알 수 있다.

서린재개발구역 17-2지구(구 동아일보 사옥, 현 일민미술관)

구 동아일보 사옥은 2001년 도심재개발기본계획에서 보전재개발의 대상으로 지정된 근대 건축물(1926년 건축)이다.

17지구(구 동아일보 사옥 및 동아미디어센터 부지)는 1979년 서린재개발구역에 포함되었으며, 1996년에 17-1지구(재개발, 신축 동아미디어센터)와 17-2지구(보전, 구 동아일보 사옥)로 분할되었다. 이는 보전대상 건축물인 구 동아일보 사옥을 별도의 지구로 분할해 보전하면서 잔여지구(17-1지구)를 재개발하려는 시도였다. 지구가 분할(1996~1998)된 이후 구 동아일보 사옥은 보수 및 수리를 통해 일민미술관으로 거듭났으며, 17-1지구는 철거재개발을 통해 2000년 동아미디어센터로 신축 개관했다. 그리고 이 모든 사업이 끝난 후 2001년 4월 구 동아일보 사옥은 서울시 유형문화재로 지정되었다.

신세계백화점 본관과 구 동아일보 사옥의 재개발 과정이 보여주듯이, 보전재개발은 보전대상 건축물이 위치한 곳의 지구를 분할한 다음 보전대상 건축물이 없는 대지(잔여지구라고 부른다)만 별도의 지구로 철거재개발해서 신축하는 과정을 겪고 있다. 한편, 보전대상 건축물이 위치한 지구는 역사 건축물을 개·보수함으로써 그 건축물을 현대적 요구에 부응시키려는 작업을 실시한다. 이렇게 잔여지구의 신축과 보전대상 건축물의 개·보수가 모두 끝난 다음에야 문화재 지정을 고려한다. 재개발을 시행하기

종로1가

17-2
일민미술관
18
광화문우체국
17-1 동아일보사
1
서울센트럴빌딩
청계일레븐빌딩
3 인주빌딩
무교동길
4
5
6
SK빌딩
10
알파빌딩
서울특별시
종로소방서
11
한국화장품
12
영풍빌딩

청계천로

청계천

⊏⊐⊐	구역계	▨	보존지구 건축물
⊏⊐	지구계	▨	존치지구 건축물
■	완료건축물	⠿	건축지정선
☐	계획건축물	⠿	건축한계선

Scale = 1 : 2,4000

0 10 30   60m

N

▎서린재개발구역 내 일민미술관(17-2지구)과 동아일보사(17-1지구).
　자료: 서울특별시, 「2020년 목표 서울특별시 도시환경정비기본계획: 구역별 개발유도지침」, 106쪽.

▎사진 왼쪽은 구 동아일보 사옥
　(현 일민미술관, 서린재개발구
　역 17-2지구)이며, 오른쪽은 재
　개발로 신축된 동아미디어센터
　(17-1지구)다.

전에 보전대상 건축물이 문화재로 지정되면 잔여부지 건축물의 고도가 제한될 수 있고 보전대상 건축물 자체의 개·보수(문화재 분야에서는 현상변경이라고 부른다)에도 제약이 따르기 때문에 재개발로 건물 신축이나 보전대상 건축물의 개·보수 등을 완료하고 난 후에야 문화재 지정 여부를 고려하는 것이다. 신세계백화점 본관은 재개발 후에도 문화재로 지정되지 않은 경우이며, 구 동아일보 사옥은 문화재 지정을 추진한 경우다.

보전재개발을 확대시키는 방법

서울시는 2000년에 최초로 도심부관리기본계획을 수립했다. 이는 1996년 도시계획위원회가 도심재개발기본계획을 변경·심의하는 과정에서 역사성이 깊은 도심부를 종합적인 계획 없이 (철거)재개발 일변도로 다루는 것에 대해 문제를 제기한 데 따른 것이다.[18] 도심부관리기본계획에 따라 2001년에 후속적으로 수립된 도심재개발기본계획은 법적 구속력이 있는 계획으로, 최초로 보전재개발을 구체화하고 대상을 지정했으며 보전재개발을 실현하기 위해 인센티브를 도입했다.[19]

2013년 기준 그동안 계획에서 언급한 여섯 군데 대상지 중 앞에서 설명한 신세계백화점 본관과 구 동아일보 사옥은 2001년 도심재개발기본계

---

18   서울특별시, 「도심부관리기본계획」(서울: 서울특별시, 2000), 1~2쪽.

19   서울특별시, 「서울 도심재개발기본계획」(서울: 서울특별시, 2001), 93~95쪽. 도입된 인센티브는 층수 산정 자율성 부여, 보전대상 건축물은 당해 지구의 건폐율·용적률 산정에서 제외, 공공용지 부담 경감, 재개발기금융자 우선 적용, 공공재정 지원 및 세제 혜택 부여 등이 있다. 당시 선정된 지구는 도심의 5개 지구로, 승동교회(공평구역 8지구), 신세계백화점 본관(남대문로구역 10-2지구), 광통관(을지로2가구역 2지구), 구 동아일보 사옥(서린구역 17-2지구), 구 미문화원(을지로1가구역 4지구) 등이다.

획에서 처음 도입해 제시한 보전재개발 대상지구로 지정되어 사업을 완료했으며, 나머지 네 군데, 즉 광통관, 승동교회, 구 미문화원, 구 제일은행 본점은 미시행 지구로 남아 있다.

지구를 분리해서 이른바 잔여부지를 신축 개발한 뒤 보전대상 건물을 개·보수하고 그 이후라야 보전대상 건물을 문화재로 지정하거나 또는 그냥 유지하는 것이 지금까지의 보전재개발 방식이었다. 완료된 두 개 지구는 인센티브 제도가 도입되는 도중 또는 초기에 사업이 이루어져[20] 인센티브가 실제로 적용되지는 않았다.

그렇다면 남아 있는 승동교회, 구 미문화원, 광통관, 그리고 2010년 수립된 계획에서 추가된 구 제일은행 본점 등 네 개 지구는 앞으로 어떤 방식으로 재개발이 진행될까? 이곳은 모두 이미 문화재로 지정되어 있으며 구 미문화원과 구 제일은행 본점은 잔여부지도 거의 없는 상황이다. 결국 도시환경정비기본계획에서 유도하는 보전재개발과 상관없이 '문화재보호법'에 따라 문화재 보전으로만 남을 가능성이 크다.

2010년 수립된 도시환경정비기본계획에서는 당해 지구에 소요되는 기반시설비용을 공공부문이 부담한다는 인센티브를 제시하기도 했다. 이처럼 어떻게 하면 주로 정비구역인 도심부 상업지역 내의 근현대 건축물을 보전할 수 있을지, 나아가 보전재개발을 좀 더 가능하게 만들지에 대한 고

---

[20] 동아미디어센터는 2000년 사업이 완료되었으며 구 동아일보 사옥은 2001년 4월 서울시 유형문화재로 지정되었다. 신세계백화점 신관(17지구)은 2000년 11월 인가받아 2005년 사업이 완료되고 본관은 2004년 12월 인가받아 2008년 사업이 완료되었다. 서울특별시, 「2020년 목표 서울특별시 도시환경정비기본계획: 자료집 II」(서울: 서울특별시, 2010), 26, 93쪽.

민이 필요한 시점이다. 이러한 보전재개발 방식으로는 다음과 같은 접근을 생각해볼 수 있다.

첫째, 정비구역 이내라 하더라도 역사적 건축물을 정비사업에서 아예 제외하고 별도의 지원제도를 통해 유지·관리하는 것이다. 이는 현재 한옥에 대해 개·보수 비용 등을 지원하는 것과 유사한 방식의 제도다.

둘째, 정비지구에 역사적 건축물이 포함된 경우 역사 건축물을 보전하면서도 재개발 신축을 할 수 있도록 잔여부지가 충분하게끔 지구의 크기를 계획하는 것이다. 이 경우 정비사업 이후 역사 건물과 신축 건물이 한 대지 내에 공존하는 결합개발을 시행해야 한다. 이렇게 되면 동일 지구(대지) 내 신축 건물은 역사 건물 보전으로 인해 사용하지 못한 용적률을 신축 건물에서 사용할 수도 있다. 그러나 용적률이 너무 클 경우 보전된 역사 건물과 신축 건물 사이의 규모나 층수 등의 차이가 커져 건축물은 보전되더라도 환경이 조화를 이루지 못할 수도 있다. 구 미문화원이나 구 제일은행 본점처럼 역사적 건축물을 포함한 정비지구의 면적이 작을 경우에는 역사 건조물의 파사드만 남기고 뒤는 모두 새로 개발해 신축하는 재개발을 시도할 수도 있다. 하지만 이 경우는 역사 건축물의 파사드 일부가 보전되기는 하나 역사적 건축물의 진정성은 크게 훼손되기 때문에 많은 문헌 또는 실무에서는 이를 파사디즘(facadism, 껍데기보존주의)이라고 칭하며 경계하고 피해야 하는 방법이라고 비판한다.

셋째, 정비지구(대체로 한 대지나 블록)보다 더 크고 넓은 정비구역 차원에서 역사 건조물을 배려하는 것이다.[21] 즉, 구역 차원에서 보전이 필요한

---

21   정비구역(재개발구역)은 대체로 하나의 슈퍼블록을 포함하는 정도의 크기다. 정비구역

요코하마 일본화재해상보험빌
딩. 파사드만 보존하고 뒷부분
은 새롭게 신축해 파사디즘이
라는 비판을 받고 있다.

건조물을 가려내고 이들을 보존 건물로 지정하는 것이다. 이에 대한 대가
로 역사 건축물이 위치한 지구는 기반시설 제공을 면제하거나 완화하도록
구역 차원에서 미리 배려할 수도 있다. 나아가 역사 건조물이 보존된 지구
에서는 잔여부지의 층수나 개발 규모를 축소하는 대신 역사 건조물로 인
해 당해 대지에서 충분히 사용할 수 없는 용적률을 동일 구역 내 다른 지

내에는 여러 개의 정비지구(대체로 정비사업 단위로서 하나의 큰 건물이 들어선다)가 있
기 마련이다.

구가 사용할 수 있도록 구역 내에서 용적이전을 실시하면 환경적으로도 조화로움을 추구하고 경제적으로도 적정성을 유지할 수 있을 것이다. 정비구역 차원에서는 건축물뿐 아니라 옛길과 필지 패턴의 보전도 추구할 수 있을 것이다.

넷째, 정비구역 내에 위치한 역사적 건조물이 문화재로 지정된 경우 문화재 주변의 앙각규정을 면제하거나 완화시켜주는 것이다. 건물주는 문화재로 지정되면 주변 대지에 높이 등에 대한 규제가 적용되기 때문에 문화재로 지정되기를 꺼린다. 근현대 역사 건축물이 대체로 주변에 건물이 밀집한 도시 내에 지어졌음을 고려할 때 인접 대지의 건축 가능성을 염두에 두고 보전할 필요가 있다.

15

아픈 기억과 역사보존

아픈 기억도 보존해야 하는가

역사는 우리에게 기쁜 순간도 허락하지만 슬프고 괴로운 나날도 부여한다. 더구나 우리나라와 같이 가까운 과거에 바로 이웃나라의 식민 지배를 경험한 경우에는 그 시기의 슬프고 괴로운 흔적이 도처에 남아 있다. 아픈 기억을 상기시키는 건물과 장소를 어떻게 할 것인가? 이는 역사보전에서 중요한 과제 중 하나다. 아픈 기억을 불러일으키는 역사유산에 대해서는 크게 두 가지 주장이 제기된다. 하나는 보기 싫고 심적으로도 부담이 되니 헐어버려야 한다는 주장이며, 다른 하나는 오히려 그런 곳을 잘 유지·보전해 사람들의 경각심을 일깨우는 교육의 장소로 삼아야 한다는 주장이다. 1995년에 '역사바로세우기'라는 정부 시책의 일환으로 철거된 조선총독부 건물(1926~1995)은 전자의 대표적인 예일 것이다. 이에 반해 폴

■ 철거 중인 조선총독부 청사(1996).
자료: 국가기록원(관리번호: DET0
053432-012)

란드나 독일이 유태인수용소를 보전해 관광객 등 방문객에게 개방하는 것
은 후자의 대표적인 예일 것이다. 정답은 없다. 각각의 시대와 사회가 결
정할 뿐이다. 그래도 역사보존에서는 가능하면 아픈 기억일지라도 그 장
소를 보존하자는 쪽을 원칙으로 삼는다. 이유는 역사는 역사이기 때문이
다. 그리고 중요한 역사적 자료인 건물이나 장소를 없애는 것은 학문적으
로나 사회적으로 큰 손실이기 때문이다. 이런 시각에서 볼 때 현재를 사는
우리에게 중요한 것은 역사적 장소나 자료를 섣불리 유지하거나 없애는
식의 판단을 내리는 것이 아니라 그런 역사적 장소나 자료를 어떻게 의미
있게 해석하느냐 하는 것이다.

서울에도 아픈 기억을 보존하려는 노력이 없었던 것은 아니다. 서대문
형무소로 불리던 서대문형무소역사관이 대표적인 예다. 그러나 대중의
인지도나 우리나라 역사에서 차지하는 비중, 장소의 훼손 등 아픈 기억의
강도 면에서는 경복궁 정중앙에 들어섰던 총독부 건물이 압도적일 것이
다. 그러나 총독부 건물은 헐렸고 서대문형무소는 보존되고 있다. 아픈 기
억과 관련된 곳 가운데 왜 어떤 곳은 보전되고 어떤 곳은 헐려나가는 것일
까?

▌아픈 기억을 상기시키지만 잘 보전해서 후세의 경각심을 일깨우는 아우슈비츠 유태인수용소.

▌서대문형무소 역사관(국가사적 제324호). 일제강점기 등의 아픈 역사현장이 보존되어 교육적으로 활용되고 있다.

자료: 서울특별시, 『서울 2009~2010: 도시형태와 경관』.

역사적 가치와 민족 자긍심의 대립

아픈 기억을 불러일으키는 장소를 보존하기 어려운 경우도 있다. 바로 특정 역사유적이 어떤 사람에게는 슬프거나 아픈 기억을 떠올리게 하지만 다른 사람에게는 기쁨이나 승리의 상징인 경우다. 일제강점기의 유산이 우리에게는 슬픈 기억이지만 일부 일본인에게는 다른 기억일 수도 있다. 총독부 건물을 철거하자는 논의가 있을 당시 국립중앙박물관으로 쓰이던 이 건물을 많은 일본 관광객들이 방문하면서 일제강점기를 반성하거나 경각심을 갖는 계기가 아니라 좋았던 시대를 회상하는 계기로 여긴다는 주장이 제기되기도 했다. 어쨌거나 일제강점기의 아픈 기억을 떠올리게 만드는 역사유산은 최소한 지금은 우리 손 안에 있으므로 우리의 생각과 가치 부여에 따라 운명이 결정될 수밖에 없다.

총독부 건물을 철거한 이유는 이 건물이 조선시대의 정궁인 경복궁의 중심축상에 위치하며 나아가 한양도성의 주산인 백악산의 좌향 축에 위치해 도시의 중심축에도 위치한다는 도시 내 입지 문제와 경복궁을 상당 부분 훼손하고 지었다는 역사적 장소성 훼손 문제 때문이었다. 깊이 생각할 것도 없이 이는 우리나라 문화재인 궁궐과 역사에 대한 식민지 권력의 무자비한 폭행이자 훼손이다. 해방 후 한시라도 빨리 없애버렸어야 하는 건물일 수도 있다. 그러나 이 건물은 해방된 뒤로도 끈질기게 50년이나 더 사용되었다. 정부 수립도, 한국전쟁 시 서울 수복도 이 건물에서 맞았다.

역사바로세우기라는 큰 틀에서 이뤄진 총독부 건물의 철거를 놓고 벌어진 논쟁에서 철거 쪽 주장은 총독부 건물이 위치나 형태에서 민족적 자긍심을 심히 훼손한다는 것이었고, 보존 쪽 주장은 총독부 건물의 건축적·역사적 가치가 중요하다는 것이었다. 결국 철거 쪽 주장이 승리했지만 이

┃ 총독부 건물을 철거한 후 재건축된 광화문 뒤 홍례문과 행각.

는 역사보존을 둘러싼 논의에서 역사적 가치보다 감정적이라고 할 수도 있는 민족적 자긍심이 승리한 결과다.

이 같은 논의는 결과물을 놓고 봤을 때 궁궐을 재건축해 예전의 형태를 재현함으로써 찬란한 조선시대의 모습을 연출할 것인가, 아니면 조선시대 궁궐과 식민지시대 총독부 건물을 극적으로 대비시켜 질곡의 우리 근대사를 생생하고 진솔하게 보여줄 것인가의 대립이었다는 해석이 가능하다.

장소의 진정성이 드러나도록 보존해야

총독부 건물의 철거에 앞서 우리는 이 건물과 장소가 지닌 (조선시대뿐 아니라 식민지 시기와 그 이후를 포함한) 역사적 의미나 이 건물이 역사적 자원으로서 지닌 미래적 의미를 심각하게 고민했어야 했다. 여기서 중심 과제는 이 장소를 어떻게 해석하고 무엇을 남겨서 어떤 의미를 전달할 것인가라는 것이다. 이런 점에서 총독부 건물이 있었을 당시 과연 우리는 이 장소의 역사적 의미를 (부정적이든 긍정적이든) 방문객들이 생생하게 느끼도록 만들었는지 반문하지 않을 수 없다. 그리하여 책이나 글로는 느낄 수 없는 일제강점의 역사적 진실을 우리의 정궁 가운데 지어진 총독부 건물이라는 폭압적인 건물과 장소를 통해 전달하는 성과를 거뒀는지 의문이다.

총독부 건물은 해방 이후 철거될 때까지 중앙행정부 건물인 중앙청으로, 또한 국립중앙박물관으로 유용하게 쓰였었다. 그러나 내국인에게나 외국인에게 이 건물이 가진 슬프고 괴로우며 폭력적인 역사적 의미가 진지하고 정확하게 소개되지는 않았다. 철거되기 전까지 중앙부처 사무실이나 박물관으로 사용한 것은 건물 기능적으로 접근한 것이지, 장소 및 역사보존적으로 접근한 것이 아니었다. 만약 이 건물이 '일제강점 역사박물관'으로 사용되어 건물 내 전시물뿐 아니라 이 건물의 형태나 건설 과정 그리고 궁궐 내 입지까지도 뼈아픈 역사를 생생히 간증하는 역할을 했더라도 이를 헐어냈을지 궁금하다. 오히려 일제강점의 중요한 역사적 증거물과 자산을 상상력의 부족으로 인해 교육적으로 제대로 활용해보지도 못하고 욱하는 감정 때문에 없애버린 것은 아닌지 한편으로는 아쉽다. 이렇게 볼 때 역사유산은 각자가 가진 역사와 기능, 위치 등에 따라 적절히 해석되고 풍부한 상상력을 통해 기획되고 사용되어야 의미가 더욱 소중해지고 생명이 더욱 길어짐을 알 수 있다. 그리고 이것이 바로 역사보존의 역할이자 과제다.

이제 경복궁의 행각과 문을 재건축[1]하고 광화문까지 재건축해 경복궁의 전체성은 제대로 갖췄으나, 총독부 건물이 궁궐의 중앙에 차지함으로써 조성되던 역사적 충돌과 괴리감에 따른 긴장감, 현장감, 그리고 경각심은 사라져버렸다. 재건축된 경복궁에서는 왕조의 권위나 건축적 온전성은 느껴질지 몰라도 역사적 진정성은 사라져버린 것이 분명하다. 역사적 진정성이 사라졌다는 이유는 홍례문이나 행각을 원형조차 없던 데서 재건축했기 때문만은 아니다. 그 이유에는 70여 년 동안 우리에게 아픔과 공포를 주고 때로는 기쁨의 배경이 되기도 했던 총독부 건물이라는 불편한 진실의 장소성이 없어졌다는 사실도 포함된다.

끝날 수 없는 아픈 기억

역사를 보존해야 하는 다양한 이유 중 제일 큰 이유는 현존하는 역사유산은 역사적 가치를 가지고 있으며 싫든 좋든 버릴 수 없고 피할 수도 없는 엄연한 사실로 존재하기 때문이다.

병자호란의 굴욕을 상징하는 한강변 송파의 삼전도비(三田渡碑)가 역사적으로 겪은 굴곡은 역사보전이라는 측면에서 우리에게 시사하는 바가 크다. 이 비의 정확한 명칭은 대청황제공덕비(大淸皇帝功德碑)인데, 비문을 쓴 사람은 당시의 이조판서 이경석이고, 비문을 부탁한 사람은 당시 조선 왕이던 인조였다. 이 비는 더없이 치욕적인 우리 역사의 증거물이지만 엄연히 현존하고 있다.

---

1   흔히 '복원'이라고 부르지만 없어진 건물을 엄격한 고증을 통해 새로 짓는 것을 역사보존 전문용어로는 '재건축'이라고 한다. 복원은 현존하는 역사적 건물을 역사적·심미적으로 의미 있는 특정 시기의 모습으로 되돌리기 위해 특정 시기 이후에 변형되거나 추가된 부분을 제거하는 것을 의미한다.

잠실 석촌호수 서호 북동쪽에
위치한 삼전도비. 한때 철거
를 주장하는 사람들이 빨간
스프레이로 비면에 '철거'라고
써서 훼손하기도 했다.

병자호란 당시 인조가 남한산성으로 피난해 청나라에 대항하다가 결
국 남한산성에서 나와 청나라 태종에게 항복한 일은 누구나 다 아는 역사
적인 사실이다. 그런데 이처럼 다 아는 사실을 새긴 비석이 존재한다는 것
은 무척 부담스러운 일이 틀림없다. 그것도 작은 크기가 아니라 1.4m×
3.95m의 매우 거대한 석조비석으로, 장수를 상징하는 거북의 등에 얹혀
있어 안타깝기까지 하다. 석촌호수 가로 이동하기 전에는 무슨 의도인지
그 비 옆에는 뒷날 우리나라 조각가가 부조한 그림 조각이 있는데, 이 비
에 쓰인 내용을 누구나 잘 알아볼 수 있도록 설명해놓은 그림으로, 조선

▌용산 미군기지 내 모습. 용산은 일제강점기, 해방 후, 냉전 시기 등 다양한 시기를 겪은 역사유산이다.

왕 인조가 청나라 태종에게 무릎을 꿇고 머리 숙여 사죄하는 모습을 그려 놓았다.

삼전도비는 대한제국 당시 고종의 명에 따라 쓰러뜨려졌고 한때는 땅 속에 묻히기도 했다. 그러나 장마로 다시 발견된 뒤 부끄러운 역사도 우리 역사의 한 부분임을 분명히 하면서 1963년에 사적 제101호로 지정되었다. 2000년대에는 스프레이로 훼손되기도 하고 철거가 주장되기도 했으나, 지금은 송파 석촌호수 한 귀퉁이에 원래 한강변의 위치를 기억해 보존되어 있다.

최근 용산 미군기지를 공원으로 만들기 위한 국제현상설계 공모가 실시되었다. 그러나 당선작을 포함해 입상작에서는 용산을 중요한 역사적 장소로 보는 시각이 매우 부족했다. 조선시대의 청나라 군대부터 일제강점기의 일본군, 그리고 연이어 미군까지 지배와 식민과 냉전의 생생한 증거가 집약된 장소가 바로 용산 아니던가. 그러나 공원 설계에서는 공원이라는 단어에 얽매여 생태 복원을 가장 중요한 논점으로 삼았다. 과연 용산이 이렇게 자연 회복만 하면 되는 땅인가. 그렇게 되면 바로 옆의 남산공원과 다를 게 무엇인가. 용산이라는 장소의 역사성을 깊이 이해하지 못한다면 아무리 국제적인 조경설계가가 설계한다고 할지라도 용산은 결코 의미 있는 장소로 태어날 수 없을 것이다. 결국 자연 생태 복원으로 이름을 바꾼 또 다른 경복궁 복원같이 될 것이다.

닫는 글

/

도심관리를 위한 포스트 도심재개발

도심재개발의 출구 찾기

주거지를 재생하기 위해 강력하게 추진되던 뉴타운이 된서리를 맞고 있다. 과다한 공급과 이를 뒷받침하지 못하는 시장의 약한 구매력 때문이기도 하지만, 결국 너무 속도를 내서 달린 탓에 시민들과 시장이 이 속도를 쫓아가지 못한 것이 주요한 원인이다. 나아가 추가 부담을 감당할 수 없다는 경제적 문제와 경제적 여력이 취약한 계층이나 세입자를 몰아낸다는 사회적 과제 등 재개발의 부정적인 외부효과도 드러나기 시작했기 때문이다. 어떻게 하면 출구를 제대로 찾아 이 위기를 극복할 수 있을지가 초미의 관심사다.

도심재개발도 비슷한 여건에 당면해 있다. 앞에서 살펴본 바와 같이 다양성의 상실, 역사자원의 훼손, 도심 공동화 등 도심재개발이 초래한 부

■ 공평재개발계획 도시평면도. 바탕에 깔린 기존의 역사적 조직을 무시하고 대규모 건물을 짓기 위한 대규모
필지를 만드는 데 주력했음을 잘 보여준다.
　자료: 서울특별시, 「도심재개발사업 추진현황」(서울: 서울특별시 재개발과, 1986), 92쪽.

정적인 외부효과는 매우 다양하다. 따라서 어떻게 하면 기존에 방만하게
지정되고 운영되어온 철거형 도심재개발에서 벗어날 수 있느냐가 주요 관
심사로 떠올랐다. 적절한 출구를 찾아서 탈출해야 한다. 서울 도심은 도심
재개발이 처음 논의되고 재개발계획을 수립하던 1960~1970년대와는 너
무나 다른 상황에 처해 있다. 40여 년 전에 개발 중심, 자동차 중심으로 만
들어진 재개발계획의 부정적인 영향이 분명한데도 재개발을 계속 진행할
이유는 없다. 시민들의 삶의 가치기준이 양적 성장에서 역사문화의 향수

등 질적 향상으로 바뀌고 자동차맹신주의에서 대중교통과 보행이라는 지속가능한 교통수단으로 전환된 오늘날 도심재개발에 대한 관점도 바뀌어야 한다는 것은 매우 분명한 사실이다.

그 출발점은 서울 도심에 대한 진단에서 비롯되어야 한다. 서울시가 2004년에 수립한 도심부발전계획에서는 도심의 문제를 네 가지로 압축해 정리하고 있다.[1] 첫째, 물리적 쇠퇴의 지속이다. 그러나 이는 역설적이게도 상당 부분 재개발구역 지정 때문이기도 하다. 재개발구역으로 지정되어 어차피 헐릴 건물로 낙인찍힌 곳에 환경 개선을 위해 투자하는 공공이나 민간은 없기 때문이다. 둘째, 도심 특성의 소멸이다. 이 또한 도심재개발의 영향이 크다. 기존의 특색 있는 지구나 가로가 철거 중심의 재개발로 사라지는 광경을 우리는 주변에서 흔히 볼 수 있다. 청진지구가 그러하며, 인사동 남쪽의 공평지구도 그러하다. 셋째, 지지 인구의 감소다. 이는 기존에 다양했던 용도가 재개발을 통해 업무 위주의 용도로 변화하면서 피할 수 없는 현상이다. 실제 도심부의 인구는 1995년 7만 8,661명에서 2005년 5만 7,575명으로 37% 감소했다.[2] 넷째, 경제 중심지로서의 위상 약화다. 2001년과 2006년 사이 도심부의 사업체 수(-1.4%)와 종사자 수(-0.2%)는 모두 약간씩 감소했다. 서울시 전체의 사업체 수(1.4%)와 종사자 수(3.5%)가 모두 증가한 것과는 대조를 이룬다.[3]

---

1 2004년 도심부발전계획에서는 2000년 수립한 도심부관리기본계획에서 제안한 규제내용을 청계천 복원을 계기로 완화하려 했다. 이 계획에서 지적한 도심부 문제는 타당하지만, 문제의 원인을 매우 개발지향적인 시각에서 찾고 있는 것이 아쉽다.

2 서울특별시, 「2020년 목표 서울특별시 도시환경정비기본계획: 자료집 I」, 7~8쪽. 도심의 인구자료는 '서울시 도시계획조례'에 따른 도심공간 범위에 포함되는 행정동을 기준으로 산출하는데, 행정동의 경계가 도심공간 범위에서 약간 벗어나는 곳도 있다.

┃ 청진재개발구역 내에서 철거되는 청진동 해장국골목 주변 지구(2010). 가운뎃길이 현 종로5길(구 청진동 길)이며, 오른쪽은 현재 그랑서울로 재개발되었다.

도시 교외 확산과 도심 공동화 현상이 심각한 미국과 비교할 때 그리 심각한 정도는 아니지만 상주인구 측면에서 보면 서울 도심도 공동화되고 있다. 그러나 서울 도심이 공동화되는 이유는 미국과 다르다. 미국 도시들이 가장 우려하고 고민하는 것은 도심 공동화보다 오히려 도시 교외 확산(sprawl)이다. 물론 도심 공동화가 교외 확산 때문에 가속화되므로 이 두 가지를 동시에 고려하는 스마트 성장(smart growth)이 성장관리의 주요한 관심사다. 이와 비교할 때 서울 도심의 공동화는 교외화보다는 철거재개발 등 도심부 자체의 변화에 따라 압출되어 일어난다고 할 수 있다. 교외

---

3   같은 글, 17쪽.

가 매력적이어서 인구나 산업이 떠나는 것이 아니라 도심 환경을 개선한다는 철거재개발 때문에 떠나는 것이다. 즉, 철거재개발에 정면으로 도전하지 않고는 서울 도심의 문제를 해결하기 어려운 실정이다.

모두에게 열린 도심 만들기

지금까지와 같이 다양성을 죽이고 주변을 압도해 역사적 자산을 왜소화시키며 도심을 단일 기능으로 몰고 가는 재개발을 더 이상 허용해서는 안 된다는 사실은 너무나 자명하다. 지금은 오늘과 내일의 도심이 우리에게 어떠해야 하는지를 깊이 생각해봐야 할 시기다. 도심은 더 이상 일부 일하는 사람들만 오가는 비즈니스의 공간이 아니다. 도심은 모든 시민에게 열려 있어야 하며 모든 시민이 소속감과 자부심을 느끼는 상징적인 정체성의 장소여야 한다.

최근 청계천이 복원되고 서울시청광장과 광화문광장이 만들어지면서 도심부에 나타난 중요한 변화 가운데 하나는 어린이들이 도심으로 나오기 시작했다는 것이다. 물놀이를 하거나 광장의 행사에 참석하기 위해 어린이와 부모가 함께 도심에 등장하기 시작했다는 것은 많은 것을 시사한다.

도심의 보행환경이 변화하자 또 다른 주인공도 등장하고 있다. 그동안 보이지 않던 장애인들이 도심에 여러 가지 일로 나오기 시작한 것이다. 아직은 충분하지 않더라도 향후 도심의 환경을 어떻게 변화시키느냐에 따라 도심은 연령이나 성별, 장애 유무와 관계없이 모든 사람에게 매력적이고 접근 가능한 열린 공간이 될 수 있을 것이다. 이처럼 모든 사람에게 열린 도심이 되기 위해서는 공공공간만 편하고 즐거운 곳으로 만드는 것으로는 부족하다. 민간이 제공하는 공간도 이들의 다양한 요구를 들어주는 곳으

로 바뀌어야 한다. 사무실 건물 일변도의 도심재개발은 두 가지 측면에서 이러한 요구에 상충한다. 지금의 재개발은 첫째, 기존의 다양한 용도나 공간을 철거해버리고 있고, 둘째, 철거 후 사무실 위주의 단일 용도로 건물을 신축하고 있기 때문이다. 물론 건물 지하에 일부 서비스 공간을 제공하기는 하지만 이들 공간은 가로나 광장 등 활발하게 이용되는 공공공간과 단절되어 있어서 공공공간과 함께 시너지를 만들어내지 못한다. 모두에게 열려 있으면서 공공부문과 민간부문이 함께 시민들의 행위를 유발하고 담아낼 때라야 진정 열린 도심이 될 수 있을 것이다.

한양도성의 정체성이 드러나는 도심 만들기

서울은 성곽도시다. 성곽과 문루가 있어 공간을 한정했으며, 밤 10시

인정(人定, 대문을 닫고 도성 내 통행을 금지하는 것), 새벽4시 파루(罷漏, 대문을 열고 통금을 해제하는 것)로 시간에 따라 개방되기도 하고 닫히기도 한 영역성이 강한 도시였다. 근대의 도시 변화에 가장 큰 영향을 미친 철도도 도성 내로는 들어오지 못했으며 서대문과 남대문 밖에 서대문정거장(중구 순화동)(후에 없어지고 신촌 방향의 경의선으로 연결됨), 남대문정거장(이후 경성역으로 바뀜. 현 서울역)이 설치되어 이들과 각각의 성문이 연결되는 도로들이 도성의 진입로로 발전했다. 도시의 중추 기능은 모두 도성 내에 머물렀으며, 오늘까지도 도성 안은 도심이자 서울의 중심 역할을 하고 있다.

　이런 현상은 유럽의 오래된 도시들에서도 마찬가지다. 그러나 일제강점기와 해방 이후 근대기를 거치면서 도성이 훼철되고 문루가 철거되어 이런 공간적 영역성과 상징성은 많이 후퇴했다. 그래도 서울이 오늘과 같

은 다중심지의 도시가 되기 전까지는 서울의 중심이 도성 이내라는 사실
은 확고했으며, 도성 밖으로 확장되어 나간 지역에서는 상당 기간 "문 안
에 간다" 또는 "시내에 간다"라는 말이 도심에 간다는 것을 의미했다. 결국
도심은 사대문 안을 지칭하는 용어였다. 도성 또는 사대문이 물리적·심리
적 경계를 형성해온 것이다. 현재 진행되는 성곽의 보존 및 일부 재건축을
통해 성곽도시 서울의 영역성을 잘 드러낸다면 서울 도심부의 역사성과
정체성은 한층 증진될 것이다.

자동차 배제형 도시 만들기

서울 한양도성 내 동대문에서 서대문까지의 거리는 약 4km로, 보행시
대에 만들어진 도시답게 서울은 규모와 형태 면에서 보행도시다. 남북으
로는 퇴계로에서 율곡로까지도 2km 이하여서 사대문 내에서는 어디로든
쉽게 걸어서 갈 수 있다. 지난 40여 년간 시행된 도심재개발은 보행도시를
자동차도시로 만들려는 시도였으나, 우리가 현재 받아 쥔 성적표를 보면
이는 불가능하고 불필요한 시도였음을 잘 알 수 있다. 도심을 일만 하는
업무공장지대로 여긴다면 도심으로 빨리 출퇴근하는 것이 가장 큰 관심사
이며 도심에서 이리저리 걸을 일이 별로 없을 것이다. 아침에 출근하고 저
녁에 퇴근하면 그만이기 때문이다. 그러나 도심을 문화를 향수하고 사람
을 만나는 사회적·문화적 공간으로 여긴다면 여기저기 갈 곳이 많아지고
갈 필요도 많아질 것이다.

보행시대에 만들어진 많은 골목은 사실 사대문 내 중요한 곳을 자연스
럽게 연결하던 지름길이었다. 이 길들은 지형과 물길 등을 고려해 자연발
생적으로 만들어졌기에 선형도 걷기에 편하게 만들어져 있다. 재개발로

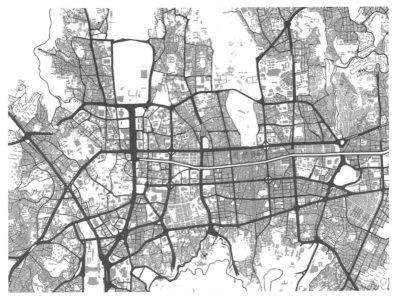

┃ 서울 도심부 평면도. 조선시대에 만들어진 많은 골목이 서울이 보행도시임을 잘 보여준다.
　자료: 서울특별시, 「서울 사대문안 역사문화도시관리기본계획」, 200쪽 기본도면.

기존의 골목 등 도시조직이 사라지는 것을 아쉬워하는 이유는 단순히 향수 때문이 아니라 바로 오늘날 서울이 추구하는 교통체계인 보행과 대중교통 중심의 도심부 교통·체계에 딱 들어맞는 보행도시의 유산을 아무 생각 없이 걷어내고 있기 때문이다. 대규모 대지와 반듯하게 만들어진 재개발구역은 자동차 진입에는 유용할지 몰라도 보행자에게는 보행을 가로막는 장벽이자 돌아서 가야 하는 바리케이드인 것이다.

　따라서 도심을 자동차배제형으로 만들어가야 한다. 도심 내 교통수단은 보행과 대중교통이면 충분하다. 역사적으로 형성되어온 기존 인프라가 이미 보행자친화형으로 만들어져 있으므로 이를 잘 유지하고 지키기만 한다면 사대문 내 도심을 자동차 중심이 아닌 보행 중심으로 만드는 일은

▌인사동길 북쪽 끝 전경. 작은 광장, 안내소, 벤치 등이 잘 배치되어 있어 1층 상점과 연계한 윈도쇼핑 등이 다양하고 활발하게 일어나는 곳이다.

▌걸어 다니기 편하게 형성된 인사동 골목길.

그다지 어렵지 않을 것이다.

여기에 도심 내 곳곳에 광장을 만든다면 화룡점정일 것이다. 광장 (square)이라고 해서 문자 그대로 꼭 크고 네모진 것만을 의미하지는 않는다. 작은 광장이나 삼각형의 광장도 상관없다. 물론 광장이 물리적인 기능만 가져서는 안 된다. 다양한 행위를 담고 있어야 한다. 이런 행위는 차를 타고서는 체험할 수 없으며 보행을 통해 연접한 건물과의 관계 속에서 즐길 수 있다.

기존의 도시조직 존중하기

기존의 도시조직을 존중하는 것은 앞에 언급한 자동차 배제하기와 다분히 연결되어 있다. 사실 도심에서 재개발을 한 후 얻을 수 있는 것은 세 가지다. 첫째, 자동차가 진입할 수 있는 넓은 도로망, 둘째, 작은 공원, 셋째, 대규모 대지와 그 위에 세워질 큰 건물이다. 앞의 두 가지가 공공부문에 해당한다면 마지막 하나는 민간부문에 맡겨진다. 그러나 도로와 공원을 만드는 일도 모두 재개발구역 내 민간부문에 맡겨져 있어 재개발구역 전체를 민간이 만든다고 해도 과언이 아니다. 그러다 보니 계획 내용이 민간이 요구하는 대로 바뀌기 십상이고, 도로와 작은 공원을 만들기 위해 모든 시가지를 무차별로 철거해버리는 일도 일어나곤 한다. 주거지에서야 주차를 위한 공간이 꼭 필요하지만 업무가 중심인 도심에서는 출퇴근할 때 대중교통을 주로 이용한다면 주차장이 꼭 많지 않아도 되며, 대지마다 넓은 자동차도로 접근로를 만들어야 하는 것도 아니다. 유럽의 많은 오래된 도시들이 좁은 길과 적은 수의 주차장으로도 버틸 수 있는 이유다.

서울 같은 경우 지난 40여 년간 도심재개발을 통해 조선시대와 근현대

┃인사동길 쌈지건물(사진 왼쪽). 전면 건축선이나 작은 가게 등 역사적 맥락을 존중하며 신축한 건물이다.

의 의미 있는 건축물과 도시평면이 계획적으로 철거되었다. 도심재개발 구역으로 지정되면 구역 내의 건물이 모두 철거 예정으로 낙인찍힌 것이나 다름없어 민간은 투자를 거의 하지 않는다. 이로 인해 건물은 말로만 서 있지 실제로는 시한부 삶을 사는 것같이 날이 갈수록 퇴락하기 마련이다. 그렇다고 재개발 후의 도시환경이 이전의 오래된 환경보다 도시공간의 질적 측면에서 개선된다고만 볼 수도 없다. 철거 전의 건물은 가로와 대응하고 대화하며 가로를 활성화시키는 데 비해 재개발된 신축 건물은 가로에 꽉 닫혀 있는 경우가 대부분이다. 보행자는 큰 블록을 돌아가야 하고 길이 넓어진 만큼 차도 많아져서 보행환경이 더 좋아졌다고도 할 수 없다. 구역 내에는 주로 업무용도의 사무실이 들어서 밤에는 적막한 도시가 된다. 재개발이 반드시 필요한 경우라면 새로운 개발이 기존에 있던 의미 있는 건축물 및 도시조직과 융합되도록 도시계획 및 건축계획을 수립해야 한다. 그래야만 도시가 시간적·공간적·형태적·기능적으로 연속되어 지속 가능성을 지니게 된다.

수준 높은 도시환경 개선

그동안에는 여러 가지 이유로 퇴락한 기성시가지의 물리적 환경을 개선하는 방안을 중심으로 한 대책이 시행되어왔으나 최근에는 이러한 방식의 한계를 인식하고 경제적·사회적 측면, 나아가 문화적 측면까지 고려한 포괄적인 대책을 적용함으로써 도시나 도시 일부 지역의 활력을 되찾으려는 시도가 활발해지고 있는데, 이것이 바로 도시재생(urban regeneration)이라는 개념이다. 이런 시각에서 보면 퇴락하는 시가지의 환경을 물리적으로 개선하는 일은 필요하지만 물리적 개선만으로는 낙후된 시가지를 다시 활성화시킬 수 없다고 할 수 있다. 그러나 대체로 물리적 환경 개선은 (특히 공공부문이 참여하는 경우) 그 지구에 대한 투자자들의 신뢰를 형성해 지구를 경제적으로 활성화하는 데 기여한다. 이런 측면에서 볼 때 물리적 환경 개선이 도시재생의 매우 중요한 시발점이며 촉매제임은 부인할 수 없다.

우리나라의 도시는 그동안 경제발전에 힘입어 양적으로나 질적으로 크게 발전해왔다. 그러나 좀 더 구체적으로 들여다보면 도시에 개선의 여지가 많은 것이 현실이다. 그동안 건물은 크고 수준 높게 지어왔지만 도시에 대해서는 그다지 신경을 쓰지 않았다. 건물이나 대지에는 신경을 썼지만 건물 사이의 가로나 오픈 스페이스 등 공공영역은 매우 소홀히 취급해온 것이다.

우리나라의 도시는 이제 두 가지 도전에 직면해 있다. 첫째, 이제는 시민들이 더 이상 이러한 수준 낮은 도시를 용납하지 않는다는 점이다. 도시

┃마카오의 세나도 광장. 광장이 잘 디자인되었으며 광장을 둘러싼 주변 건물들도 광장에 활력을 불어넣는다.

도 서비스 상품이라고 한다면 누가 비싼 세금과 비용을 내고 지금과 같은 수준 낮은 서비스를 받으려고 할 것인가? 시민들은 점차 민간부문이 제공하는 교외의 쇼핑센터로 달아나거나, 나아가 여가와 쇼핑을 위해 외국의 도시로 빠져나가 도심은 점점 더 수렁에 빠질 것이다. 둘째, 우리나라의 도시는 이제 좋든 싫든 세계의 도시와 경쟁할 수밖에 없다. 가까운 이웃나라에서는 수준 높은 민간 및 공공 공간을 제공하는데 우리나라에서는 후진적인 서비스로 응대한다면 관광객뿐 아니라 우리나라 사람까지도 모두 다른 나라의 도시로 눈을 돌릴 것이고 우리나라 도시는 결국 내국인이나 외국인에게 모두 버림받을 게 자명하다. 이러한 딜레마를 해결하는 데에는 도시디자인의 역할이 매우 결정적이다.

　도시디자인을 흔히 물리적 환경 개선의 한 방법일 뿐이라고 여기기 쉬운데, 사실 도시디자인은 경제적·사회적 도시재생과도 연관되어 있다. 이는 디자인이 단순히 이미 만들어진 환경이나 대상물에 무언가를 치장하는 것이라기보다는 처음부터 (경제적·사회적·물리적) 기능과 (물리적·사회적) 미관을 동시에 고려해 이뤄지는 작업이라는 사실에 주목하면 쉽게 이해할 수 있다.

오늘날 도시디자인의 목표는 단순히 잘 만들어진 공간을 제공하는 것이 아니라 시민들이 즐겨 찾고 머무는 장소를 만드는 것이므로, 이는 앞에서 언급한 물리적 재생, 경제적 재생, 그리고 사회적 재생을 모두 아우른다고 할 수 있다. 오늘날 환경의 질에 대한 시민들의 욕구가 급격히 높아지면서 도시디자인의 질은 도시재생의 성패를 좌우할 수도 있는 잠재력을 가진 요소로 부상했다고 할 수 있다.

이를 실천하기 위한 전략 가운데 하나가 바로 공공공간 환경의 질을 현격히 높이는 것이다. 대부분의 사람들은 국립시설 또는 시립시설에 대해 수준이 낮다는 인식을 갖고 있다. 도로, 가로, 오픈 스페이스, 광장, 녹지 등은 모두 국립 또는 시립 시설이다. 이들은 시민들이 매일 일상생활에서 숨 쉬듯이 맞닥뜨리는 시설이다. 이들 시설의 공간과 환경의 수준이 민간이 제공하는 쇼핑센터나 테마파크와 비교할 수 있을 정도로 획기적으로 높아진다면 시민들은 비로소 도심부 시가지로 돌아와 마음도 열고 지갑도 열 것이다. 도시재생은 멋들어진 건물을 몇 개 짓는 것으로 실현되는 것이 결코 아니다. 건물이 꽃이라면 도시는 받침이자 줄기이자 뿌리라고 할 수 있다. 부실한 받침, 줄기, 뿌리 위에 좋은 꽃이 피기를 바라는 것은 허망한 꿈을 꾸는 것과 다를 바 없다.

참고문헌

강병식. 1994. 『일제시대 서울의 토지연구』. 서울: 민족문화사.

경성부. 1928. 「경성도시계획조사서」. 서울: 경성부.

_____. 1934. 『경서부사 2권』. 서울: 경성부.

고시자와 아키라(越澤明). 1998. 『동경의 도시계획』. 윤백영 옮김. 서울: 한국경제신문사.

고아라. 2007. 「주택재개발사업에 있어서 도시형 한옥의 앙상블 보전에 관한 연구」. ≪도시설계학회 학술발표대회 2007 춘계논문집≫.

김광우. 1990. 「대한제국시대의 도시계획」. 서울: 서울시사편찬위원회. ≪향토서울≫, 제50호.

김기호. 1990. 「다양성과 통일성, 그리고 창의성」. ≪건축문화≫, 4월호.

_____. 1993. 「경복궁 복원의 도시계획적 의미」. ≪건축가≫, 136호.

_____. 1995. 「일제시대 초기의 도시계획에 대한 연구」. 서울: 서울시립대학교. ≪서울학연구≫, 제6호.

_____. 2001. 「청계천 광교/장교구간: 도시계획 아이디어와 공간형태」. 서울: 서울학연구소. 『청계천: 시간, 장소, 사람』. 서울: 서울시립대학교.

김진희. 2005. 「관철동 도시블록 특성에 관한 연구」. 서울시립대학교 대학원 석사학위논문.

대한주택공사. 1989. 「을지로2가 재개발 사업지」.

서문당. 1988. 『사진으로 보는 조선시대(속): 생활과 풍속』. 서울: 서문당.

서울시립대학교 대학원 도시설계/역사연구실. 2005. 「청계천 복원의 도시계획적 의미」. 서울: 서울시립대학교 대학원 도시설계/역사연구실. 미발표 논문.

서울시립대학교 도시공학과 도시설계/역사연구실. 2006. 『도시구조/공간의 역사적 변화연구: 1912년/1929년 지적도 디지털화작업』. 서울: 서울시립대학교 도시설계/역사연구실.

서울시정개발연구원. 2000. 『서울 20세기 100년의 사진기록』. 서울: 시정개발연구원.

서울역사박물관. 2006. 『서울지도』. 서울: 서울역사박물관.

서울특별시. 1971. 「소공/무교지구 재개발계획 및 조사설계: 다동지구」. 서울: 서울특별시.

_____. 1973. 「무교 및 다동지구 재개발사업 기초조사」. 서울: 서울특별시.

_____. 1984. 『사진으로 보는 서울 백년』. 서울: 서울특별시.

_____. 1986. 「도심재개발사업 추진현황」. 서울: 서울특별시 재개발과.

_____. 1990. 『서울 토지구획정리 백서』. 서울: 서울특별시.

_____. 1995. 『서울육백년사』. 제5권. 서울: 서울특별시.

_____. 2000. 「도심부관리기본계획」. 서울: 서울특별시.

_____. 2000. 『서울 1999~2000: 도시형태와 경관』. 서울: 서울특별시.

_____. 2001. 『서울도시계획연혁』. 서울: 서울특별시.

_____. 2001. 「서울시 도심재개발기본계획」. 서울: 서울특별시.

_____. 2001. 「서울시 도심재개발기본계획: 도심재개발사업 유도방향」. 서울: 서울특별시.

_____. 2004. 「청계천복원에 따른 도심부발전계획」. 서울: 서울특별시.

_____. 2004. 「청계천복원에 따른 도심부발전계획: 도심부 토지이용 및 경관변화」. 서울: 서울특별시.

_____. 2004. 「청계천복원에 따른 도심부발전계획: 청계천주변관리방안」. 서울: 서울특별시.

_____. 2009. 「세운재정비촉진계획」(서울특별시고시 제2009-107). 서울: 서울특별시.

_____. 2009. 『세운재정비촉진지구: 그 과정의 기록』. 서울: 서울특별시.

_____. 2010. 「2020년 목표 서울특별시 도시환경정비기본계획: 구역별 개발유도지침」. 서울: 서울특별시.

_____. 2010. 「2020년 목표 서울특별시 도시환경정비기본계획: 본보고서」. 서울: 서울특별시.

_____. 2010. 「2020년 목표 서울특별시 도시환경정비기본계획: 자료집 I」. 서울: 서울특별시.

_____. 2010. 「2020년 목표 서울특별시 도시환경정비기본계획: 자료집 II」. 서울: 서울특별시.

_____. 2010. 「경복궁서측 제1종 지구단위계획: 인문역사환경 및 한옥조사보고서」. 서울: 서울특별시.

_____. 2010. 「북촌 제1종 지구단위계획」. 서울: 서울특별시.

_____. 2010. 『서울 2009~2010: 도시형태와 경관』. 서울: 서울특별시.

_____. 2010. 「서울시 역사문화경관계획」. 서울: 서울특별시.

_____. 2012. 「서울 사대문안 역사문화도시관리기본계획」. 서울: 서울특별시.

_____. 2014. 「2030 서울도시기본계획」. 서울: 서울특별시.

손정목. 1989. 「조선총독부청사 및 경성부청사 건립에 대한 연구」. 서울: 서울시사편찬
위원회. ≪향토서울≫, 48호.

송희숙 외. 2006. 「관철동 도시형태 특성 및 변화에 관한 연구」. ≪한국도시설계학회
학술발표대회논문집≫(2006 추계학술발표대회).

심경미·김기호. 2009. 「시전행랑의 건설로 형성된 종로 변 도시조직의 특성」. ≪도시
설계≫, 10권 4호.

심경미. 2010. 「20세기 종로의 도시계획과 도시조직 변화」. 서울시립대학교 대학원 박
사학위논문.

유재현. 1979. 「혈과 명당과의 관계를 통하여 본 한국 전통건축공간의 중심개념에 관
한 연구」. ≪울산공과대학 연구논문집≫, 10권 2호.

유재형. 2007. 「서울 다동의 도심재개발사업으로 인한 건축물 용도 변화특성」. 서울시
립대학교 대학원 석사학위논문.

이상해. 1991. 「경복궁, 경희궁복원과 옛 조선총독부 청사 철거문제」. 서울: 대한건축
학회. ≪건축≫, 35권 2호.

이정옥. 2011. 「갑오개혁이후 한성 도로정비사업과 부민의 반응」. 서울: 서울시사편찬
위원회. ≪향토서울≫, 제78호.

이태진. 1994. 「18~19세기 서울의 근대적 도시발달 양상」. 『도시와 역사』. 서울: 서울
시립대학교 서울학연구소. '94서울학 국제심포지엄.

장기인. 1991. 「조선총독부 청사」. 서울: 대한건축학회. ≪건축≫, 35권 2호.

제이컵스, 제인(Jane Jacobs). 2010. 『미국 대도시의 죽음과 삶』. 유강은 옮김. 서울:
그린비.

조선총독부. 1937. 「경성시가지계획(구역, 가로망, 토지구획정리지구) 결정이유서」.
서울: 조선총독부

지종덕. 1997. 『토지구획정리론』. 서울: 바른길.

카모나, 매슈(Matthew Carmona) 외. 2009. 『도시설계: 장소 만들기의 여섯 차원』. 강

홍빈 외 옮김. 서울: 도서출판 대가.

홍은희. 2010. 「주도형 도시로서의 서울」. 『서울도시의 정체성연구』. 서울: 서울특별시.

국가법령정보센터. http://www.law.go.kr/main.html

국토지리정보원. http://www.ngii.go.kr

문화재청 종묘 홈페이지. http://jm.cha.go.kr

서울시사편찬위원회. 『서울지명사전』. http://culture.seoul.go.kr

서울특별시 항공사진 서비스. http://aerogis.seoul.go.kr

세운상가 활성화를 위한 공공공간 설계 국제공모. http://seuncitywalk.org

조선총독부관보활용시스템. http://gb.nl.go.kr

한국학중앙연구원. 『한국민족문화대백과』. http://terms.naver.com/list.nhn?cid=446
    21&categoryId=44621

東京都立大學 都市研究センター. 1988. 『東京: 成長と計劃(1868~1988)』. 東京: 東京都立
    大學 都市研究センター.

越澤明. 1991. 『滿洲國の首都計劃』. 東京: 日本經濟評論社.

Benevolo, Leonardo. 1967. *The Origins of Modern Town Planning*. Cambridge: The
    MIT Press.

_____. 1980. *The History of the City*. Cambridge: The MIT Press.

Hilberseimer, L. 1927. *Grosstadtarchitektur*(Die Baubuecher, 3). Stuttgart: Julius
    Hoffman.

Lehrstuhl & Institut fuer Wohnbau, RWTH. 1978. *Wohnungsbau in der BRD, eine
    Dokumentation der Wohnungspolitik und ihrer Ergebnisse*. Aachen: Lehrstuhl
    fuer Wohnbau RWTH Aachen.

Moore, James F. 1996. *The Death of Competition: Leadership & Strategy in the Age
    of Business Ecosystems*. New York: Harper Business.

Stadt Frankfurt am Main. 1982. "§ 2 Gestaltungssatzung fuer das Bahnhofsviertel".

Tiesdell, S., T. Oc and T. Heath. 1996. *Revitalizing Historic Urban Quarters*.
    Oxford: Architectural Press.

서울시립대학교 대학원 도시설계/역사(보존)연구실
박사 및 석사 학위논문 목록

지난 20여 년간 서울시립대학교 대학원 도시설계/역사연구실(지도교수 김기호)에서는 도시설계, 도시경관, 도시계획사 및 역사보존에 관한 논문을 주로 발표해왔다. 다음은 이 책에 참조한 논문을 포함한 박사 및 석사 학위논문이다.

박사학위논문

	이름	발표연도	논문명
1	김혜란	1999	서울 인사동지역 우세점포 용도의 변화 해석
2	이희정	2000	지구 단위 건축밀도의 분포특성
3	임계호	2004	주거환경정비에서 공공의 역할 연구: 서울시 사례를 중심으로
4	이성우	2005	아시아 중심항만도시에서 도시와 항만 사이의 상호작용에 관한 연구
5	장옥연	2005	소통과 협력을 통한 역사환경 보전 계획과정 연구: 서울 인사동과 북촌 계획 사례
6	김성주	2009	도시계획 의사결정 과정의 거버넌스 형성요인에 관한 연구: 순천만보전사례의 과정분석을 중심으로
7	오병록	2009	근린생활권 계획방식이 시설이용 및 영역인식에 미치는 영향
8	이현정	2009	용도지역 변경에 따른 주거지 경관변화 연구
9	박상필	2010	시각적 동미학을 고려한 도시경관 해석
10	심경미	2010	20세기 종로의 도시계획과 도시조직 변화
11	김진희	2011	서울 1960~70년대 도시계획에서 「잠실지구종합개발기본계획」의 의미
12	허윤주	2011	테헤란로 도시개발 과정의 특성과 도시계획적 함의
13	안정연	2015	도시계획에서 역사환경 보존 인식 변화: 서울 종로2가 블럭을 중심으로

석사학위논문

	이름	발표연도	논문명
1	손기찬	1995	1920년대 경성부 도시계획에 관한 연구
2	최영선	1995	상세계획과정에서 계획영향요소로서 주민참여에 관한 연구
3	송상철	1996	농촌 소도읍의 합리적 개발계획방안에 관한 연구

	이름	발표연도	논문명
4	김혜경	1997	공개공지 조성 및 이용실태 분석을 통한 개선방안에 관한 연구: 건축법 제67조를 중심으로
5	문현수	1997	다가구 다세대 주택 건설에 따른 주거환경변화에 관한 연구
6	손정석	1997	상업업무지역 내 공공공간의 일조환경의 질에 관한 연구: 사선제한에 따른 일조환경 분석모형의 정립과 적용을 중심으로
7	임태빈	1998	역세권지역 간선가로의 보행환경에 관한 연구
8	최성숙	1998	주·야간의 가로경관 평가에 관한 연구: 명동을 중심으로
9	백숙영	1999	도시설계지구 내 공공공간 조성에 따른 건축기준완화규정 적용의 실효성 평가에 대한 연구
10	변성환	2000	서울 인사동지역 상점의 외관특성에 관한 연구
11	유재영	2000	아파트 주민의 옥외경관 만족도에 관한 연구
12	이현정	2000	일조를 고려한 다가구 주거지의 거주환경 개선방안에 관한 연구
13	김병조	2001	동대문시장 의류관련 업종의 공간분포 특성에 관한 연구
14	심경미	2001	명동의 도시조직 특성에 관한 연구: 세장형 필지의 도시상업건축을 중심으로
15	오병록	2001	서울 토지구획정리사업지구 내 유형별 가구의 특성에 관한 연구
16	강덕희	2002	인천 중구 조계지의 도시조직 특성에 관한 연구
17	권성철	2002	서울시 주택재개발사업의 중소형 주택 공급 특성에 관한 연구
18	이광제	2002	서울 인사동 지역의 경제적 가치평가에 관한 연구
19	이능원	2002	주거지역 내 가로경관의 시각적 깊이감과 개발밀도의 관계
20	이용철	2002	주택재개발사업 조합원들의 전매결정 요인에 관한 연구
21	주용수	2002	AHP기법을 적용한 미집행도시계획시설 재정비 의사결정지원시스템 개발 연구
22	최수진	2002	공동주택단지 생활권계획 개념과 거주자의 생활영역 인식에 관한 연구
23	김정원	2003	서울 도심문화재 주변지역의 면적관리에 관한 연구
24	원선미	2003	수원 화성 경내의 도시조직 특성과 변화에 관한 연구
25	이호정	2003	역사경관 보전을 위한 면적문화재 주변지역 관리방안에 관한 연구
26	김성태	2004	은평구 한양주택단지에 관한 연구
27	윤정재	2004	입면차폐도 지표의 개선방안에 관한 연구
28	이지연	2004	주택재개발로 인한 공원공급의 성과에 대한 평가 연구
29	김진희	2005	관철동 도시블록 특성에 관한 연구
30	김한수	2005	가로변 건축 규제수단별 산 조망경관의 효과비교에 관한 연구
31	한은실	2006	서울 사대문안 도시인지요인 연구
32	홍성호	2006	공동주택의 높이와 이격거리가 초등학교 일조에 미치는 영향 연구
33	강성원	2007	문화지구 지정효과 분석연구
34	노수미	2007	창신동 동대문 의류산업 배후생산지의 장소적 특성 연구
35	오효경	2007	서울 북창 유흥지구의 특화과정과 입지요인에 관한 연구
36	유재형	2007	서울 다동의 도심재개발사업으로 인한 건축물 용도 변화특성

	이름	발표연도	논문명
37	고아라	2008	가회동 31번지 '앙상블 보전' 형성 요인에 관한 연구
38	권오주	2008	국토이용계획변경과 지구단위계획을 통한 공동주택 개발사업 비교 연구
39	손준서	2008	대지 내 비건폐지의 공공성에 관한 연구
40	송희숙	2008	서울도심부 주거확보정책과 주거복합건물의 주거환경 평가
41	안정연	2008	서울 종로2가 도시조직 변화과정 연구
42	유인희	2008	공개공지 위치지정 효과 연구
43	신현아	2009	도시관광요소로서 가로경관과 보행환경에 대한 연구
44	강민경	2010	보전재개발 특성 및 관리방안 연구: 서울 도심부를 중심으로
45	강정욱	2010	도시형 생활주택 공급 활성화를 위한 정책개선방안 연구: 저소득층을 위한 도시형 생활주택(원룸형) 공급을 중심으로
46	정재헌	2010	도시설계적 접근을 통한 특성지역 보전에 대한 사례연구: 인사동 특별계획구역 내 특성지역관리 구역을 중심으로
47	정재훈	2010	주민조직 리더십이 주민참여에 미치는 영향에 관한 연구: 인사동, 부평 문화의 거리, 건대앞 노유 로데오거리 중심으로
48	이선용	2011	개발주체에 따른 상업가로의 공공성에 관한 연구: 일산신도시 중심지를 대상으로
49	최은숙	2011	북촌지역 한옥 개보수비용 지원의 효과 분석
50	구지연	2012	도시의 물리적 환경특성 요인이 범죄두려움에 미치는 영향 연구
51	박현정	2012	인사동 정체성 형성요소로서 용도특성과 변화연구
52	박희락	2012	서울 도심부에 대한 세대간 장소인식 비교 연구: 대표장소, 방문장소, 가치장소를 중심으로
53	강은진	2013	특화가로의 이용 후 평가(P.O.E)에 관한 연구: 서울 정동길과 인사동길을 중심으로
54	최선영	2013	강북과 강남 중심부 도시형태 비교 연구: 무교·다동 블록과 역삼동 블록을 중심으로
55	최우석	2013	행태의 장으로서 광장의 이용 및 기능에 대한 연구: 광화문광장, 서울광장, 청계광장을 중심으로
56	이주영	2014	서울시 북촌 역사환경 보전정책의 경제적 파급효과 분석: 한옥보전 프로그램을 중심으로
57	최선호	2015	1960년대 뚝도지구 토지구획정리사업을 통한 준공업지역 형성과정 연구

김기호 金基虎

1952년 경기도 양평 출생으로 서울대학교 건축학과를 졸업했으며, 독일 아헨 공대 건축대학에서 기존 주거단지 주거환경 개선에 대한 연구로 공학박사학위를 취득했다.
공간(空間)과 독일 HP&P, 아헨 시청에서 다년간 건축 및 도시설계 실무를 담당한 후 지금은 서울시립대 도시공학과에서 도시설계, 도시경관, 도시역사환경 보존을 주제로 강의 및 연구를 진행하고 있다. 도시계획과 건축, 그리고 역사보존이 잘 결합해 고유한 도시경관을 이룬 유럽의 도시설계에서 큰 영향을 받아 1990년대 이후로는 서울의 근대도시가 형성된 역사에 깊은 관심을 가지고 연구하고 있으며, 기고, 논문 등을 통해 도시계획과 건축관리에서 서울의 역사적인 경관이 존중되도록 촉구하고 있다. 서울시의 다양한 도시계획과 도시설계 과제에도 참여했으며, 최근에는 서울도시기본계획(서울플랜 2030)과 역사도심관리 기본계획 수립을 주도한 바 있다.
keyhow@uos.ac.kr

한울아카데미 1808

역사도심 서울
개발에서 재생으로

© 김기호, 2015

지은이 김기호
펴낸이 김종수
펴낸곳 한울엠플러스(주)
편집책임 최규선
편집 신순남

초판 1쇄 발행 2015년 7월 30일
초판 2쇄 발행 2016년 7월 11일

주소 10881 경기도 파주시 광인사길 153 한울시소빌딩 3층
전화 031-955-0655
팩스 031-955-0656
홈페이지 www.hanulmplus.kr
등록번호 제406-2015-000143호

Printed in Korea.
ISBN 978-89-460-5808-8 93530(양장)
        978-89-460-6192-7 93530(학생판)

※ 책값은 겉표지에 표시되어 있습니다.
※ 이 책은 강의를 위한 학생판 교재를 따로 준비했습니다.
   강의 교재로 사용하실 때에는 본사로 연락해 주십시오.